Affaf Tabti

Matériaux de type MFI : la zéolithe ZSM-5 et la silicalite, Synthèses

Affaf Tabti

Matériaux de type MFI : la zéolithe ZSM-5 et la silicalite, Synthèses

Application,Oxydation D'une Molécule Organique

Presses Académiques Francophones

Impressum / Mentions légales

Bibliografische Information der Deutschen Nationalbibliothek: Die Deutsche Nationalbibliothek verzeichnet diese Publikation in der Deutschen Nationalbibliografie; detaillierte bibliografische Daten sind im Internet über http://dnb.d-nb.de abrufbar.
Alle in diesem Buch genannten Marken und Produktnamen unterliegen warenzeichen-, marken- oder patentrechtlichem Schutz bzw. sind Warenzeichen oder eingetragene Warenzeichen der jeweiligen Inhaber. Die Wiedergabe von Marken, Produktnamen, Gebrauchsnamen, Handelsnamen, Warenbezeichnungen u.s.w. in diesem Werk berechtigt auch ohne besondere Kennzeichnung nicht zu der Annahme, dass solche Namen im Sinne der Warenzeichen- und Markenschutzgesetzgebung als frei zu betrachten wären und daher von jedermann benutzt werden dürften.

Information bibliographique publiée par la Deutsche Nationalbibliothek: La Deutsche Nationalbibliothek inscrit cette publication à la Deutsche Nationalbibliografie; des données bibliographiques détaillées sont disponibles sur internet à l'adresse http://dnb.d-nb.de.
Toutes marques et noms de produits mentionnés dans ce livre demeurent sous la protection des marques, des marques déposées et des brevets, et sont des marques ou des marques déposées de leurs détenteurs respectifs. L'utilisation des marques, noms de produits, noms communs, noms commerciaux, descriptions de produits, etc, même sans qu'ils soient mentionnés de façon particulière dans ce livre ne signifie en aucune façon que ces noms peuvent être utilisés sans restriction à l'égard de la législation pour la protection des marques et des marques déposées et pourraient donc être utilisés par quiconque.

Coverbild / Photo de couverture: www.ingimage.com

Verlag / Editeur:
Presses Académiques Francophones
ist ein Imprint der / est une marque déposée de
OmniScriptum GmbH & Co. KG
Heinrich-Böcking-Str. 6-8, 66121 Saarbrücken, Deutschland / Allemagne
Email: info@presses-academiques.com

Herstellung: siehe letzte Seite /
Impression: voir la dernière page
ISBN: 978-3-8416-2903-6

Remerciement

Ce magistère a été préparé dans le laboratoire de chimie des matériaux de l'université d'Oran sous la direction de mademoiselle F.DJAFRI professeur à l'Université d'Oran, je l'exprime ma gratitude et mon respect de m'avoir guidé intelligemment tout au long de cet mémoire, j'ajouterai en particulier sa patience et ses encouragements m'ont permis de travailler dans des meilleurs conditions.

Je tiens à remercier le professeur Mr.A.BENGUDECH directeur du laboratoire de Chimie des Matériaux de l'Université d'Oran, pour l'honneur qu'il me fait en acceptant de présider le jury du magistère.

Je le remercie aussi pour m'avoir accepté dans son laboratoire de chimie des matériaux.

Je remercie très vivement Mme le professeur A.DJAFRI pour avoir accepté de participer à ce jury de magistère et m'avoir aidé dans la partie oxydation.

Je remercie le Maitre de Conférence Mr A.HASSNOUI, pour avoir accepté de participer à ce jury de magistère.

Je teins à remercier très vivement Mr J.DARI pour son aide très précieuse, sa gentillesse et pour l'ambiance de travail créé au laboratoire.

Je n'oublie pas de remercier Mr BEN MANSOUR Benali et Mr TOUBAL Khaled pour leur aide.

Je remercie Mlle Kawter, Mlle Aicha BEN CHIKH et Hanaa pour leurs multiples services.

Mes remerciements vont également à tous mes camarades et mes amis du laboratoire de chimie des matériaux et de chimie organique. Leur soutient et leur bonne ambiance de travail ont été précieux.

Enfin, je tiens à remercier toutes les personnes que j'aurais pu omettre de citer et qui ont contribué de prés ou de loin à la réussite de ce travail.

Sommaire

SOMMAIRE

Chapitre I

Recherches bibliographiques

Chapitre II

Expérimentation

Chapitre III

Introduction Générale

INTRODUCTION

Les solides les plus utilisés dans le monde sont les zéolithes. On connait environs 15O zéolithes synthétiques de structures différentes. Ces zéolithes présentent l'avantage d'être pures d'où l'importance et l'intérêt grandissant que leur portent les chercheurs scientifiques.

Aujourd'hui, Il est possible de synthétiser de nouvelles zéolithes pour des applications bien définies, elles sont utilisées pour la purification et /ou l'adoucissement de l'eau, comme catalyseurs dans le domaine de la chimie organique, comme additifs dans certains matériaux de construction (ciment), dans le domaine de l'environnement ou celui de l'agriculture.

Dans le cadre de ce travail, nous nous proposons de synthétiser des matériaux zéolithiques riches en silice de type MFI, et plus précisément des silicalites à partir de l'hydroxyde de tétrapropylammonium (TPAOH) et le bromure de tétrapropylammonium (TPABr) et surtout des molécules organiques courantes et peu couteuses comme la diéthylamine (DEA).
Aussi, nous avons synthétisé des zéolithes ZSM-5 :
  *En milieu fluorure alcalin.
  *En milieu réactionnel ou nous avons introduit des molécules organiques (la méthylamine et l'ammoniac), qui sont intéressantes économiquement et facile d'utilisation, comme agent structurant.

Le premier chapitre donne une présentation générale sur les zéolithes d'une manière générale et sur les silicalites , sont décrites, les structures cristallines, les protocoles de synthèse et les applications.
  Le deuxième chapitre, traitera l'étude expérimentale :

*Synthèse des zéolithes ZSM-5, et Cu-ZSM-5.

*Synthèse des silicalites (S-1).

*Caractérisations des échantillons synthétisés et résultats.

Le troisième chapitre est consacré à l'oxydation de la 4-oxo,2-thioxo, N(2-OMephényl) thiazolidine en utilisant le Cu-ZSM-5 comme catalyseur et H2O2 comme oxydant.

Nous terminons enfin, avec une conclusion générale.

Chapitre I :

Recherches bibliographiques

I-1 SILICATES

Les silicates et les différentes formes de silice qui s'y rattachent ont une importante industrielle et géochimique considérable. Ces minéraux, matières premières des industries du bâtiment, de la verrerie, de la céramique, et constituants des laitiers métallurgiques, forment la quasi-totalité de l'écorce terrestre. Ce sont, pour la plupart, des solutions solides dont la synthèse et l'interprétation des analyses chimiques sont différentes de celles des autres composés inorganiques.

C'est la détermination, à partir de la diffraction des rayons X, des structures atomiques de ces composés cristallisés et les synthèses faisant intervenir des minéralisateurs (et, en particulier, l'eau agissant à des températures et à des pressions élevées) qui ont résolu les énigmes de ce chapitre de la chimie minérale.

On ne considère plus les silicates comme des sels d'acides siliciques, mais comme des assemblages de tétraèdres quasi réguliers $(Si, Al)O_4$, dont les centres sont occupés par des ions silicium ou aluminium, et les sommets par des ions oxygène.

Dans les *tectosilicates*, les tétraèdres forment une charpente tridimensionnelle $(Si, Al)_x O_{2x}$, dans laquelle chacun des atomes d'oxygène est commun à deux tétraèdres. Quand les centres des tétraèdres sont tous des atomes Si, les charpentes, électriquement neutres, ont pour formule SiO_2 et correspondent aux différentes formes de *silice* telles que le quartz, la tridymite et la cristobalite .

Si une partie des atomes Si est remplacée par des atomes Al, la charpente constitue un macroanion dont la charge négative est compensée par des cations, comme dans les feldspaths, les plus importants des silicates, les feldspathoïdes, les zéolites, toujours hydratées, auxquelles les charpentes très ouvertes confèrent des propriétés physico-chimiques particulières en ce qui concerne l'échange des cations et la mobilité de l'eau.

Les *phyllosilicates* (micas, chlorites, minéraux des argiles, etc.), à clivage facile, sont caractérisés par des feuillets plans de tétraèdres associés par trois de leurs sommets.

Les silicates sont moins connus de la chimie minérale , parce que les méthodes classiques d'étude des composés inorganiques ne leur sont pas applicables.

Quand ils peuvent être chauffés jusqu'à leur fusion sans se décomposer, ils fournissent, souvent, un verre au refroidissement.

Leur analyse chimique est difficile, parce qu'ils contiennent d'autres éléments chimiques par le jeu des remplacements isomorphiques.

C'est la diffraction cristalline des rayons X, entreprise d'abord par W. L. Bragg et ses élèves, qui a réconcilié chimistes et minéralogistes; et la détermination des structures a fait connaitre ces matériaux.

Ainsi, Goldschmidt dès 1924 donne, les dimensions des atomes ionisés, qu'il assimile à des sphères chargées électriquement et insiste sur la notion de coordination d'un cation qui n'est autre que le nombre des anions qui l'entourent.

I-1.2 Classification des silicates

Les industriels des silicates comme les céramistes, les verriers, les métallurgistes utilisent une nomenclature fondée sur le rapport du nombre des atomes d'oxygène liés au silicium au nombre des atomes d'oxygène liés aux autres cations.

Un rapport:

- inférieur à 1 (comme dans l'andalousite Al_2O_3,SiO_2) caractérise les *subsilicates* ;
- égal à 1 (par exemple, la forstérite $2MgO,SiO_2$), il désigne les *monosilicates* ;
- égal à 2 (par exemple l'enstatite MgO,SiO_2), les *bisilicates* ;
- égal à 3, les *trisilicates* (par exemple l'orthose $(K_2O,Al_2O_3,6SiO_2)$.

Des chimistes et quelques minéralogistes désignent les silicates comme des sels d'acides siliciques plus ou moins hypothétiques:

Acide orthosilicique H_4SiO_4,

Acide orthodisilicique $H_6Si_2O_7$,

Acide métasilicique H_2SiO_3,

Acide métadisilicique $H_2Si_2O_5$,

Acide trisilicique $H_4Si_3O_8$,

Acide polysiliciques $H_{2x}Si_yO_{(2y+x)}$,avec y > 3.

Cependant, cette nomenclature ne traduit aucunement les structures atomiques établies par les rayons X.

On envisage une classification cristallochimique des silicates reposant sur l'arrangement des tétraèdres SiO_4 et AlO_4, et leurs formules chimiques condensent schématiquement à la fois la composition chimique et l'arrangement atomique. Les tétraèdres $(Si,Al)O_4$ peuvent être indépendants ou s'associer par leurs sommets, mais de tels tétraèdres ne peuvent avoir en commun ni une arête ni une face. Cet assemblage de tétraèdres $(Si,Al)O_4$ possède une charge négative que neutralise celle des cations.

Toutefois, certains silicates, relativement rares, à faible teneur en silice, contiennent de fortes teneurs de gros cations dont l'arête du polyèdre de coordination ne s'ajuste pas à celle du tétraèdre SiO_4. Comme l'a montré l'école des cristallographes russes avec N. V. Belov, pour ces silicates, c'est l'arrangement des polyèdres des atomes d'oxygène entourant les gros cations qui conditionne la structure atomique et les propriétés cristallographiques; la silice intervient sous la forme de groupes de deux tétraèdres SiO_4 liés par un sommet, avec la formule Si_2O_7, qui s'adaptent aisément sur le réseau des gros cations grâce aux variations de l'angle de liaison Si–O–Si des deux tétraèdres associés.

Dans la classification cristallochimique, les silicates se répartissent dans les familles suivantes :

**1. *Silicates à tétraèdres indépendants*, ou *nésosilicates* (ncsov, île). Pour ces composés, aucun atome d'oxygène n'est lié à deux atomes de silicium. Les tétraèdres SiO_4 sont des anions associés par l'intermédiaire des cations.

**3. *Silicates en chaînes*, ou *inosilicates*(iv, inov, fibre). Les tétraèdres s'associent dans ces composés pour former des chaînes linéaires infinies et les silicates correspondants ont souvent une texture fibreuse.

4. Silicates lamellaires, ou **phyllosilicates** (fullon, feuille). Dans ce cas, les chaînes de tétraèdres mettent en commun certains de leurs sommets pour constituer des réseaux plans. Cette couche est l'élément structural fondamental d'un grand nombre de silicates qui se caractérisent par un clivage très facile, comme les micas, les chlorites, le talc et les minéraux des argiles.

5. Silicates à charpente tridimensionnelle, ou **tectosilicates** (de tektonia, charpente). Les tétraèdres SiO_4 forment une charpente continue dans les trois dimensions de l'espace si chacun des oxygènes devient commun à deux tétraèdres; la formule chimique correspond à $SiO2$. Les différentes silices sont, en effet, caractérisées par un tel enchaînement de tétraèdres. Dans les silicates de ce type, les siliciums aux centres des tétraèdres sont plus ou moins remplacés par des ions Al^{3+}; et la charpente $(Si,Al)O_2$ devient, à la dimension du cristal, un anion dont la charge négative est compensée par la charge positive du réseau des cations. Les tectosilicates les plus importants sont les feldspaths, les feldspathoïdes et les zéolites.

6. Hétérosilicates. Cette classe de silicates caractérise ceux pour lesquels l'arrangement des tétraèdres SiO_4 ne prédomine plus. La structure peut mettre en évidence, par exemple, les tétraèdres indépendants des nésosilicates en même temps que des groupements tels que Si_2O_7 des sorosilicates. C'est le cas de la clinozoïsite, avec la formule $Ca_2Al_3(O,OH)(SiO_4)(Si_2O_7)$.

I-1.3 Synthèses

I-1.3.1 Voie sèche

Certains silicates peuvent aisément être reproduits au laboratoire par voie sèche en portant le mélange des oxydes de leurs constituants à une température suffisamment élevée.

I-1.3.2 Action de l'eau

La présence d'inclusions aqueuses dans les minéraux des roches éruptives, comme le quartz, a conduit certains minéralogistes, vers 1850, à faire jouer à l'eau un rôle essentiel dans la genèse de certains silicates.

I-1.4 Les tectosilicates

Toutes les formes de silice à l'exception de la stishovite peuvent être considérées comme des tectosilicates, car leur structure atomique est un assemblage des mêmes tétraèdres quasi réguliers SiO_4 liés entre eux par leurs quatre sommets (fig. 1); comme chacun des atomes d'oxygène se trouve lié à deux atomes de silicium, la composition chimique correspond à la formule SiO_2.

AlO4/SiO4 tétrahédriques

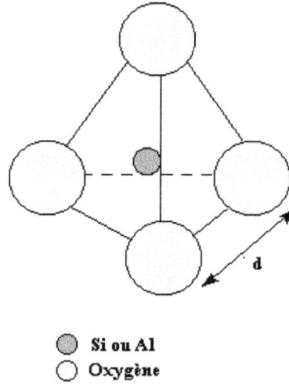

Si ou Al
Oxygène

Figure1 : Structure des zéolites (AlO4 et SiO4 tétrahédriques)[49]

Les formes les plus importantes de silice cristallisée, des points de vue géochimique et industriel, sont le *quartz*, la *tridymite* et la *cristobalite* .

Dans les tectosilicates, les tétraèdres ayant des ions oxygène aux sommets, avec aux centres, soit un ion silicium, soit un ion aluminium, s'associent par leurs quatre sommets pour former une charpente tridimensionnelle, de composition (Si,Al) O_2, constituant un macroanion dont la charge négative , SiO_4 est neutralisée par les cations de compensation :

L'atome d'aluminium jouant le rôle géométrique de l'atome de silicium, les tectosilicates apparaissent comme des aluminosilicates, dans lesquels les atomes Si sont au moins aussi nombreux que les atomes Al. On trouve cependant, dans certains tectosilicates, de petites quantités de fer sous la forme d'ions Fe^{3+} qui remplacent Al^{3+} dans les tétraèdres d'oxygène. La formule générale de tous les tectosilicates, en faisant abstraction de l'eau d'hydratation, peut s'écrire :

16

$(K,Na,Ca_{1/2},Ba_{1/2}...)_x(Al_xSi_y)O_{2(x+y)}$,

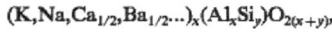

et c'est pourquoi on les désigne encore comme des «aluminosilicates du type SiO_2».

I-1.4.1 Les feldspaths

Les feldspaths sont les tectosilicates les plus importants; ils forment plus de 60 pour 100 de l'écorce terrestre, en tant que minéraux dominants des roches éruptives et métamorphiques.

I-1.4.2 Les feldspathoïdes

Les feldspathoïdes sont des tectosilicates des roches éruptives et des roches volcaniques moins riches en silice que les feldspaths.

I-1.4.3 Les zéolithes

Les zéolithes sont des tectosilicates hydratés dont la charpente aluminosilicique $(Al,Si)_x O_{2x}$ présente de grandes «cages», communiquant par des «tunnels» plus ou moins larges, où se logent les cations et les molécules d'eau. L'arrangement des tétraèdres, dont la formule générale peut s'écrire :

$(Na,K,Ca_{1/2},Ba_{1/2})_xAl_xSi_yO_{2(x+y)}.nH_2O$,

Leur confère des propriétés physico-chimiques remarquables qui tiennent à la mobilité exceptionnelle des molécules d'eau et des cations. Ces propriétés permettent des applications industrielles multiples.

Les zéolites perdent leur eau, dans une atmosphère sèche ou quand on les chauffe, et la récupèrent réversiblement tout en demeurant parfaitement homogènes. Elles sont comparées à des «éponges» dont la teneur en eau est fonction de la température et de la tension de la vapeur d'eau. Une zéolithe déshydratée, dite activée, réabsorbe son eau avec un grand dégagement de chaleur; mais l'eau peut être remplacée par l'ammoniac, le gaz carbonique, l'hydrogène sulfuré, des molécules organiques, pourvu que leurs formes et leurs dimensions leur permettent de circuler dans les tunnels et d'occuper les cages du réseau cristallin.

La faculté d'échange des cations est une propriété connue depuis longtemps. Au contact de solutions de différents sels à la température ordinaire, il y a échange des cations Na^+, K^+, Ca^{2+}, Ba^{2+}.

Cet échange de cations s'observe aussi dans les feldspaths et les feldspathoïdes, mais, comme la charpente aluminosilicique de ces tectosilicates est plus compacte, ainsi que l'indiquent les densités (feldspaths, entre 2,6 et 2,7; feldspathoïdes, 2,3 et 2,5; zéolithes, 2,0 et 2,3), il faut opérer dans des conditions hydrothermales, c'est-à-dire à des températures et à des pressions de vapeur d'eau élevées.

Les zéolithes se comportent en de véritables «tamis moléculaires», capables de séparer des cations ou des molécules de dimensions différentes.

Parmi les principales applications industrielles , on peut citer:

- le séchage des gaz et des liquides organiques renfermant des traces d'eau,
- la séparation des différents carbures dans l'industrie pétrolière,
- enfin la purification de produits organiques.
- On utilise généralement, pour ces applications, des zéolites synthétiques.

Les zéolithes naturelles comprennent un grand nombre d'espèces que l'on classe en plusieurs groupes d'après les analogies cristallographiques.

Parmi les zéolithes artificielles, certaines sont des faujasites ou des phillipsites.

I-1.5 Les phyllosilicates

Ils ont une structure atomique lamellaire où le feuillet est constitué par des tétraèdres SiO_4 dont les bases, reposant dans un même plan sont liées par leurs trois sommets. Les atomes d'oxygène de ces bases sont au contact et disposés aux sommets d'hexagones réguliers. Les oxygènes aux sommets des tétraèdres forment des hexagones réguliers plus grands, aux centres desquels se logent des oxhydriles OH ou des ions fluor. Ce feuillet, que l'on appelle aussi couche tétraédrique , peut être défini à partir d'une maille rectangulaire centrée de paramètres $a = 0,52$ nm (2 fois le diamètre de l'ion oxygène) et $b = 0,5$nm; $c = 0,9$ nm.

L'élément essentiel des kaolins, utilisés en céramique et comme charge dans les industries du papier, du caoutchouc, des peintures.

I-1.5.1 Groupe talc-mica-montmorillonite (1 nm)

On désigne aussi ce groupe comme celui des «phyllites à 1 nm», 1 nm étant l'épaisseur du feuillet. Ce sont des constituants des argiles .

Le talc et la pyrophyllite ont de nombreuses applications industrielles: isolants thermiques et électriques, charge dans des matériaux divers comme le papier, le caoutchouc, les savons.

Les minéraux apparentés à la montmorillonite , ou smectites , sont aussi des constituants importants des argiles.

Dans les micas , le feuillet possède une charge négative neutralisée par des ions potassium séparant les feuillets . Ils peuvent intervenir comme éléments essentiels des argiles (illites).

I-1.5.2 Groupe des chlorites (1,4 nm)

Le feuillet élémentaire comprend deux couches tétraédriques incluant une couche octaédrique auxquelles succède une couche complète du type brucite $Mg(OH)_2$ dans laquelle une partie de Mg^{2+} est remplacée par Al^{3+}. L'épaisseur du feuillet est de 1,4 nm, d'où la désignation de «phyllites à 1,4 nm» .

Les chlorites bien cristallisées, de couleur verte, à clivage parfait flexible, mais non élastique comme celui des micas, se trouvent dans les roches métamorphiques; on les désigne par le terme *orthochlorites* . Les chlorites interviennent dans certaines roches sédimentaires et certaines argiles comme constituants essentiels;

I-1.5.3 Apophyllite et prehnite

Certains phyllosilicates ont des feuillets élémentaires structuralement différents du feuillet hexagonal des silicates lamellaires précédents. C'est le cas de l'apophyllite $KCa_4Si_8O_{20}F . 8 H_2O$, qui est quadratique et que l'on trouve dans les basaltes, accompagnant des zéolithes.

I-1.6 Les inosilicates

Parmi les inosilicates à chaîne simple, les plus importants du point de vue pétrographique sont ceux dont le maillon comprend deux tétraèdres avec une période égale à deux fois le diamètre $Fe,Ca)2Si_2O_6$, l'augite $(Ca,Na)(Mg,Fe,Al,Ti)(Si,Al)_2O_6$.

I-1.7 Les sorosilicates

Les sorosilicates les plus simples, du point de vue structural sont ceux qui comportent le groupe Si_2O_7 de deux tétraèdres SiO_4 associés par un sommet, et que l'on a appelé diorthosilicates ou encore pyrosilicates .

I-1.8 Les nésosilicates

Parmi les nésosilicates les plus importants, certains de densité élevée, ont une structure atomique qui est un assemblage compact d'ions oxygène. . On désigne par nésosubsilicates les silicates renfermant des tétraèdres SiO_4 indépendants avec des oxygènes non liés aux siliciums: la sillimanite , l'andalousite , le disthène , formes polymorphiques de Al_2SiO_5, qui interviennent dans les roches métamorphiques et sont les indicateurs de la température et de la pression auxquelles elles ont été soumises; la mullite , très voisine de la sillimanite avec un rapport Si/Al variable, constituant essentiel des céramiques; la topaze $Al_2SiO_4(F,OH)_2$, dont les variétés gemmes sont recherchées;

I-2 Les zéolithes

Les zéolithes sont en général des aluminosilicates hydratés. Elles peuvent être naturelles ou synthétiques. On compte environs 150 types de zéolithes synthétiques et environ 48 zéolithes naturelles.

Les zéolithes naturelles résultent du mélange de roches et de cendres volcaniques avec les eaux souterraines. Ces solides trouvés même sur Mars [1], ne sont pas pures, ils contiennent généralement des métaux, du quartz et même d'autres zéolithes.

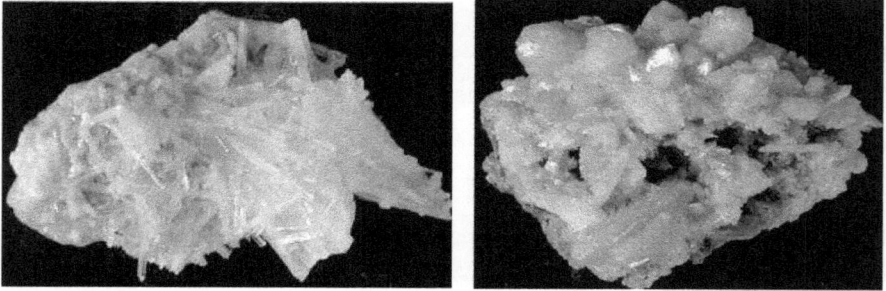

Figure 2 : Deux zéolithes naturelles3 : la Scolecite (à droite) et la
Stilbite (à gauche)

Les zéolithes ont été découvertes en 1756 par le minéralogiste suédois
A.F. Cronsted [9] dans des roches basaltiques, et issues d'un processus
de synthèse hydrothermale,

Le terme zéolithe vient du grec "zeo" et "lithos" qui signifie "pierre qui
boue".

Pour les applications industrielles on a recours à des zéolithes pures, d'où
l'utilité de les synthétiser.

Les principaux composants des zéolithes étant la silice et l'alumine ; on
dénombre de nombreux travaux

de recherche traitant sur la synthèse des zéolithes dans la littérature. La possibilité de les synthétiser avec des structures, tailles et porosités contrôlées n'est plus un secret pour les chercheurs.

Barrer [10] synthétisa des zéolithes naturelles en utilisant des conditions de température et de pression très proches de celles rencontrées dans le milieu naturel, une température supérieure à 200 °C et des pressions supérieures à 100 bars.

Plus tard, dans les années 1950, des zéolithes n'ayant pas d'équivalents naturels ont été obtenues dans des conditions de synthèse plus douces (T ~ 100 °C et sous pression autogène) : la zéolithe A (type structural LTA, Linde Type A) en est un exemple [11].

L'introduction d'espèces organiques (amines, ammoniums quaternaires,…) dans les milieux de synthèse a permis de réaliser la synthèse de zéolithes avec un rapport molaire Si/Al de plus en plus élevé. C'est le cas par exemple de la zéolithe β (type structural BEA, (10<Si/Al<250) [12].

La recherche sur la synthèse des zéolithes est encouragée par l'accroissement de la demande du marché et de leurs applications sont nombreuses: l'agriculture, la pétrochimie, la séparation de gaz ; la fabrication de lessives, le traitement des eaux et de l'air, la dépollution des sols, la protection nucléaire, etc.

Les facultés d'adsorption des zéolithes naturelles ont été étudié pour la première fois en 1878, par Georges Friedel . Les zéolithes font partie des matériaux les plus étudiés au monde.

I-2.1 Structure des zéolithes

Les zéolithes appartiennent à la famille des tectosilicates.
Leur structure cristalline est faite d'un enchaînement de tétraèdres TO4 à sommets oxygénés communs. T représente le plus souvent les éléments

silicium et aluminium mais peut être aussi des éléments tels que le germanium [5, 6] ou le gallium [5, 7, 8] respectivement.

Plusieurs compositions de zéolithes isomorphes sont alors possibles en faisant varier le rapport Si/Al peut varier de un à l'infini. Mais le silicium et l'aluminium peuvent aussi être remplacés par des éléments tels que le germanium [5, 6] ou le gallium [5, 7, 8] respectivement.

L'agencement particulier des tétraèdres fait apparaître des canaux et/ou des cavités de dimensions moléculaires qui communiquent avec le milieu extérieur et qui peuvent contenir des cations de compensation échangeables, de l'eau ou d'autres molécules et des sels .

Plus tard, Flanigen *et al.* [13] ont réussi à obtenir un matériau purement silicique, la silicalite-1, isostructural de la zéolithe ZSM-5 (type structural MFI). Par la suite de nombreux autres solides entièrement siliciques ont été découverts. Leur charpente est neutre, ne contient pas de cations de compensation et présentent donc une grande stabilité thermique. Les propriétés les plus importantes de ces charpentes non chargées sont l'hydrophobicité et l'organophilicité de leur surface interne. Ces deux propriétés permettent leur utilisation dans des procédés d'adsorption et de séparation de molécules organiques.

En 1985, Bibby et Dale [14] en utilisant de l'éthylène glycol comme solvant obtiennent une sodalite (SOD) purement silicique.

Flanigen et al. [15], dans leur protocole de synthèse remplacent OH⁻ par l'anion fluorure comme agent minéralisateur pour produire la silicalite-1 (MFI). Cette voie de synthèse a été ensuite développée par Guth *et al.* [16].

Les métallophosphates constituent une grande famille de solides microporeux.

Au début des années 1980, les premières synthèses d'aluminophosphates microporeux cristallisés ont été réalisées par les chercheurs de la société Union Carbide [17]. La charpente tridimensionnelle de ces aluminophosphates qui résulte de la stricte alternance des éléments Al et P, est globalement électriquement neutre avec un caractère hydrophile. La substitution partielle d'Al et/ou P par des éléments de valence II, III ou IV est possible et permet de conférer à la charpente une charge négative comme dans le cas des zéolithes.

Le tableau 1 regroupe les types structuraux en fonction de leur rapport Si/Al.

Tableau 1 : Type structural et composition chimique.

Type structural	Rapport Si/Al retenu
BEA	14 et ∞
MFI	17 et ∞
MOR	5,6
FAU	1,3
LTA	1,2
SOD	∞

La première synthèse des silicailites a été réalisée par Barrer [43] en 1948.

I-2.1.1 La zéolithe ZSM-5 (MFI)

Synthétisée pour la première fois en 1972 par Argauer et Landolt [26], la zéolithe ZSM-5 (MFI) (de Zeolite Socony Mobil 5) a pour formule générale : Nan [Aln Si96-n O192] ~ 16 H2O avec n < 8.

La zéolithe brute de synthèse (zéolithe qui contient le structurant organique) cristallise dans le système orthorhombique (groupe d'espace Pnma) avec:

a = 20,022 Å ; b = 19,899 Å ; c = 13,383 Å [25].

Après calcination et lorsque le rapport Si/T est supérieur à 80, la symétrie devient monoclinique (groupe d'espace P21/n) :

a = 13,378 Å ; b = 20,113 Å ; c = 19,905 Å, β = 90,47°.

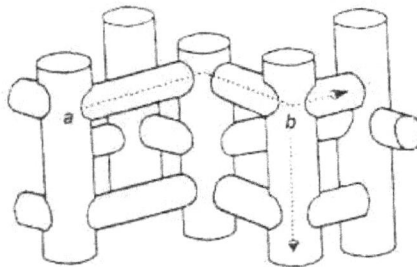

Figure 3 : Représentation schématique du volume poreux des zéolithes MFI [50]

La structure de type MFI est composée de deux types de canaux interconnectés dont les ouvertures sont constituées de cycles à 10 tétraèdres (Figure 4).

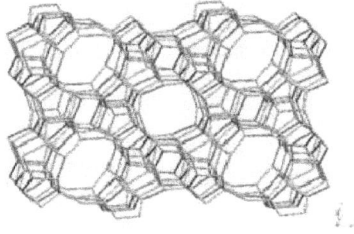

Figure 4 : Structure de la zéolithe MFI (vue selon [010]) [25]

Des canaux rectilignes orientés parallèlement à l'axe *b*, avec des ouvertures, de diamètre comprises entre 5,3 et 5,6 Å qui sont perpendiculaires à des canaux en zig-zag disposés dans le plan (*a,c*). Ces derniers sont caractérisés par des ouvertures elliptiques, de dimensions 5,1 x 5,5 Å (Figure 5).

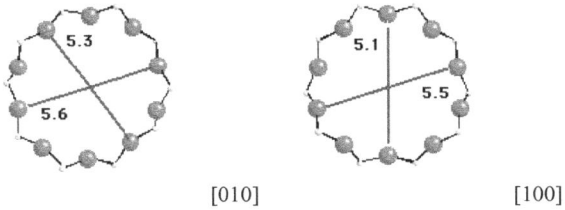

[010]   [100]

Figure 5: Structure de la zéolithe MFI avec les ouvertures des pores [25]

La zéolithe examinée dans ce travail est la zéolithe ZSM-5. C'est une zéolithe de topologie MFI (Mobil type Five). Sa charpente correspond à un arrangement d'unités «pentasiles», elles-mêmes constituées d'un assemblage de tétraèdres SiO4 ou AlO4.

L'association de ces unités pentasiles forme des chaînes. La porosité de cette zéolithe est constituée par des canaux droits parallèles, interconnectés à des canaux sinusoïdaux. La maille élémentaire est constituée de 4 canaux droits (sites II), 4 canaux sinusoïdaux (sites I) et 4 intersections (sites III). Une unité de cavité est définie par une portion de canal droit, une portion de canal sinusoïdal et une intersection (Figure 6). Les dimensions sont données approximativement par :

Sites I: 0.51×0.55×0.66 nm

Sites II: 0.54×0.56×0.45 nm

Sites III : diamètre de l'ordre de 0.8 à 0.9 nm [51].

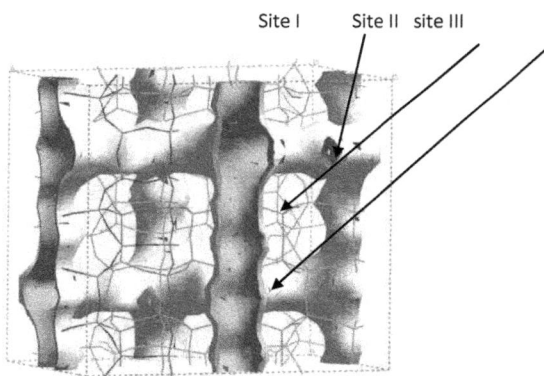

Figure 6 : Localisation des sites géométriques de la zéolithe ZSM5 [51]

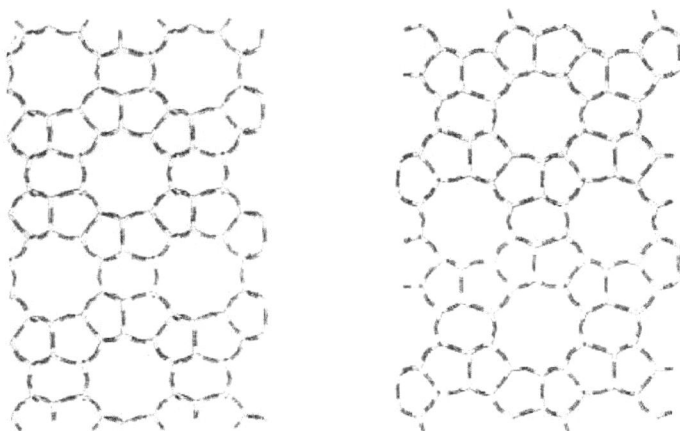

Figure 7 : Représentation de la porosité du réseau de la zsm-5 selon la direction (a)[010] et (b)[100] ([50])

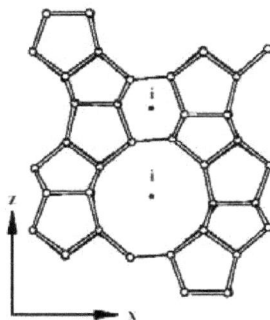

Figure 8 : Construction des zéolithes ZSM-5 (**MFI**) [52]

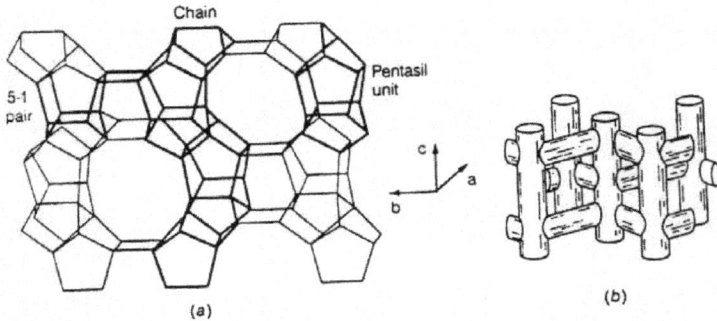

Figure 9: Structure tridimensionnelle de la ZSM-5 (a) une structure formée par l'empilement de séquences de couches (b) la structure des pores intracristalline (After Gates [53]).

I-2.1.2 La silicalite-1 (MFI)

C'est en 1978 que Flanigen *et al.* [13] publièrent la première synthèse du solide de type MFI purement silicique.

L'utilisation du tétrapropylammonium dans la préparation de la silicalite-1 offre l'avantage d'une synthèse moins compliquée [61], demandant des températures basses de l'ordre 100C° et des concentrations élevées du mélange réactionnel.

I-2.2 Synthèse des zéolithes

Généralement, les zéolithes s'obtiennent par synthèse hydrothermale entre 80 et 200 °C environ. On réalise un mélange réactionnel (ou gel) comprenant: une source d'éléments T (T = Si, Al, …), un solvant (eau), un agent minéralisateur (OH$^-$ ou F$^-$)

La synthèse est étendue ensuite à des milieux non aqueux (solvant de type alcool). Les facteurs influençant le résultat de la synthèse sont :

- la composition du gel initial,
-son vieillissement,
-la température,
-la pression
-la durée de cristallisation,
-l'agitation (ou l'absence d'agitation),
-la nature des réactifs,
-leur ordre d'addition (parfois),
- la nature de l'autoclave

I-2-3-Caractérisations
I-2-3-1 Spectroscopie Infra-rouge (IR)

Quand on soumet une molécule à une radiation infrarouge, la structure moléculaire se met à vibrer. Ceci a pour effet de modifier les distances interatomiques (vibrations de valence ou d'élongation) ainsi que les angles de valence (vibrations de déformation). Lorsque la longueur d'onde (l'énergie) apportée par le faisceau lumineux est voisine de l'énergie de vibration de la molécule, cette dernière va absorber le rayonnement et on enregistre une diminution de l'intensité réfléchie ou transmise. Le domaine infrarouge entre 4000 cm-1 et 400 cm-1 (2,5 – 25 µm) correspond au domaine d'énergie de vibration des molécules. Afin de réaliser des mesures en transmission, une pastille est réalisée à partir d'une petite quantité d'échantillon mélangé à KBr (transparent à l'IR).

La spectroscopie infrarouge est fréquemment utilisée pour la caractérisation des zéolithes, et plus encore dans l'étude des transformations s'y rapportant. Elle fournit en effet simultanément des informations sur le solide microporeux et sur les molécules qui interagissent avec ce dernier. Il est alors possible d'observer, au niveau microscopique, le déroulement d'un processus d'adsorption sous l'éclairage de l'adsorbant et de l'adsorbat, le déroulement d'une réaction catalytique du point de vue du catalyseur, des réactifs ou des produits...

Le mouvement des atomes dans un solide s'effectue dans le cadre de vibrations de réseau et de vibrations moléculaires. Dans la gamme de l'infrarouge moyen, le spectre représentatif du réseau de la zéolithe résulte des vibrations des unités de construction tététraédriques TO4 (T = Si4+, Al3+) [27].

La caractérisation des structures de zéolithes par spectroscopie infrarouge remonte au début des années 60. Les recherches étaient basées sur l'attribution des bandes fondamentales de ces minéraux à l''etat naturel [28, 29] et de synthèse [30]. En 1971, Flanigen et al. [27] décrivent les zéolithes à partir d'un modèle d'unités de construction tétraédriques. Ils réalisent alors la première analyse des vibrations de réseau de ces composés et parviennent à classer les bandes de réseau en fonction des vibrations des unités de constructions tététraédriques dans le domaine de l'infrarouge moyen [27, 31].

Le Tableau 2 répertorie les différentes attributions des bandes d'absorption proposées par Flanigen et al. [27, 31].

Tableau 2 – Attributions conventionnelles des bandes de vibration de la charpente zéolithique d'après Flanigen et al. [31]. Les abréviations str, et désignent respectivement les vibrations d'élongation (stretching) qui peuvent être symétriques (s) ou antisymétriques (as) et les vibrations de déformation angulaire.

Vibrations internes aux tétraèdres			
1250-950 cm−1	as-str. (O-T-O)	Elongation asymétrique	OTO
720-650 cm−1	s-str. (O-T-O)	Elongation symétrique	OTO

500-420 cm−1	(O-T-O)	Déformation de l'angle(TOT)

Vibrations externes aux tétraèdres		
1150-1050 cm−1	as-str. (T-O-T) Elongation asymétrique	TOT
720-650 cm−1	s-str. (T-O-T) Elongation symétrique	TOT
650-500 cm−1	Vibration des doubles anneaux (D6R, ...)	
420-300 cm−1	Ouverture des pores	

Cette classification était acceptée jusqu'à présent mais de nouvelles études ont été effectuées en considérant les unités de construction O-T-O ou T-O-T (T étant Si ou Al) à la place des unités de construction tétraédriques [32, 33]. Le silicium et l'aluminium possédant des masses atomiques très proches, aucune distinction entre les deux ne peut être faite par spectroscopie infrarouge [33]. Les vibrations des constructions O-T-O sont des vibrations internes aux tétraèdres, faiblement affectées par les modifications de réseau.

Les vibrations des constructions T-O-T sont des vibrations externes aux tétraèdres et dépendent de la nature du réseau et de sa symétrie.

Depuis une dizaine d'années, des méthodes de calcul numérique se sont développées et s'appliquent spécifiquement aux systèmes zéolithiques. Parmi ces méthodes, la simulation numérique de la dynamique moléculaire a remis en cause les fondements de la classification de Flanigen et al. [27, 31]. Smirnov et al. [34] ont étudie les modes de vibration de la charpente zéolithique et ont souligné la nécessité de nuancer les attributions des bandes infrarouge au regard des dimensions des unités de construction secondaires, auxquelles elles se réfèrent.

Par exemple, les modes fondamentaux de vibration des petites unités de construction, de type O-T-O ou T-O-T, ne sont pas localisés dans un domaine étroit de nombre d'onde mais dans un trés large domaine, de l'ordre de plusieurs centaines de cm−1.

Un exemple peut en être donné avec l'élongation symétrique (s-str. T-O-T) qui ne conduit pas à une absorption unique vers 800 cm−1 mais `a une série de bandes d'absorption dont la principale est localisée autour de 800 cm−1 et dont les autres s'étendent de 800 `a 100 cm−1. De même, la déformation d'angle (T-O) donne lieu à une absorption discontinue de 600 à 50 cm−1, avec une bande principale vers 450 cm−1. Dans ces deux cas, pour des raisons pratiques, les dénominations s-str. T-O-T et (T-O) peuvent être conservées pour les contributions principales à 800 et à 450 cm−1. Toutefois, il faut garder à l'esprit que ces bandes ne correspondent pas à un mode fondamental donné, mais à la combinaison de plusieurs modes, dont l'un a une contribution prépondérante. Ce comportement peut être généralisé à la quasi-totalité des modes de vibration des petites unités de construction, à l'exception de ceux d'élongation antisymétrique (as-str) qui se caractérisent par des zones d'absorption étroites, localisées vers 1200-1000 cm−1. Les unités de construction plus importantes, comme les doubles anneaux et les ouvertures de pores, ne possèdent a priori pas de modes de vibration spécifiques. Ainsi, il n'est pas possible d'assigner, comme cela était fait jusqu'alors dans les régions 650-500 cm−1 et 420-300 cm−1, des bandes infrarouges propres à leurs vibrations.

Ces nouvelles études sur les modes de vibration de la charpente zéolithique montrent que les spectres infrarouges doivent être interprétés avec prudence. Indépendamment de Smirnov et al. [35–36], Nicholas et al. [37] ont également fait des calculs par dynamique moléculaire mais avec d'autres paramètres de simulation, et comparé le spectre simulé avec un spectre expérimental [38]. Les attributions des bandes de vibration de la zéolithe proposées, suite aux études théoriques par simulation sont données dans le Tableau 3.

Tableau 3 : Tableau représentant les attributions des bandes de vibration infrarouge de la zéolithe proposées suites aux études théoriques.

[31]	Mode de vibration	Position / cm−1 [34, 35] [36] [37]
1250-950	as-str. Si-O-Si	1113 1176 1099
1150-1050	as-str. O-Si-O	1080 - -
720-650	s-str. Si-O-Si	750 785 806
	Bande Complexe	- 590 – 540 – 545
500-420	Si-O	480 492 464

Les abréviations str, et   désignent respectivement les vibrations d'élongation qui peuvent être symétriques (s) ou antisymétriques (as) et les vibrations de déformation angulaire.

I-2-3-2-Diffraction des rayons X(DRX)

La diffraction des rayons X est une technique d'analyse de l'organisation de la matière à grande distance. Le principe de cette méthode en fait un outil expérimental particulièrement adapté à l'identification des phases cristallisées. Elle consiste à mesurer les angles de diffraction des rayons X par les plans cristallins [39]. Ces angles de diffraction sont reliés aux caractéristiques du réseau cristallin et à celles du rayonnement incident par la loi de Bragg :

$2\,d\,\sin\theta = n\,\lambda$

λ, longueur d'onde du rayonnement X utilisé;

θ, l'angle de diffraction et

d, la distance inter-réticulaire entre les plans (*hkl*) .

n , ordre de la diffraction

Comme λ ne varie pas au cours de la mesure, il suffit de mesurer l'angle θ puis de calculer les distances interréticulaires à l'aide de la loi de Bragg, $2\,d\,\sin\theta = n\,\lambda$.

La méthode des poudres [40] est employée pour cette analyse spectroscopique. Un échantillon polycristallin placé dans un faisceau de rayons X monochromatique donne, si les grains (cristallites) sont suffisamment fins, une série de cônes de diffraction dont les axes de révolution ont la direction du faisceau incident. Chacune des familles de plans réticulaires donne un cône pour chacun des ordres de réflexion de Bragg possible. A l'aide d'un compteur à scintillations, on observe donc l'intensité de chaque point de la mesure. Pour chaque angle correspondant à une diffraction du faisceau, l'intensité augmente. Un balayage en θ produit donc un ensemble de pics ou raies de diffraction. L'ensemble des raies est spécifique à chaque structure cristalline. La diffraction des rayons X est l'une des rares méthodes non-destructives permettant de distinguer les différentes formes polymorphiques d'un matériau.

La méthode expérimentale employée en routine s'appuie sur un diffractomètre de poudre Bruker (Siemens) D5005 équipé d'un passeur d'échantillons (figure 4). La longueur d'onde du faisceau incident est λ = 1.54184 Å. L'acquisition standard permet un balayage continu de 3 à 80° par pas de 0,020° en unité 2θ pour des durées d'acquisition de 1 à 10 secondes par pas. Les diffractogrammes issus de l'expérience sont exploités avec le logiciel EVA (Brucker-Socabim).

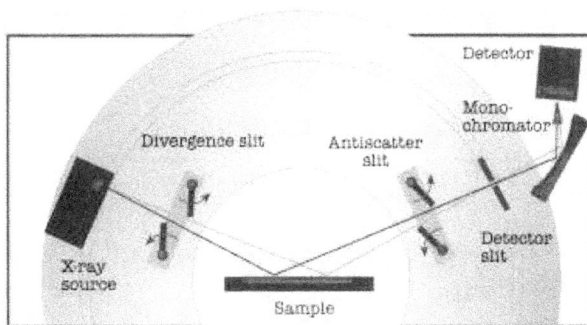

Figure 10 : diffractomètre de poudre Bruker D5005

I-2-4-Applications des zéolithes

Les propriétés physico-chimiques des zéolithes dépendent du type structural et de leur composition chimique.

I-2-4-1-L'échange ionique

La faculté de pouvoir échanger les cations et le type structural cristallin, confèrent aux zéolithes des applications variées.

Tableau 4 : Principales applications des zéolithes dans l'échange cationique

Applications	Zéolithes (type structural)	Rôles	Références
Détergence	Zéolithe A (LTA) Zéolithe P (GIS)	Adoucissement de l'eau	[19]
Traitement des	Mordénite	Rétention :	[4]

effluents d'origine nucléaire	(MOR) Clinoptilolite (HEU)	$137Cs^+, 90Sr^{2+}$	
Traitement des eaux usées	Clinoptilolite (HEU) Phillipsite (PHI) Chabasite (CHA)	Rétention : NH_4^+, $Cd^{2+,}$ Pb^{2+}, Zn^{2+}, Cu^{2+}	[4]
Agriculture	Clinoptilolite (HEU) Phillipsite (PHI) Chabasite (CHA)	Libération de cations fertilisants	[4]

I-2-4-2La séparation et l'adsorption

-Tamis moléculaires :

La forme et la taille des pores des différentes zéolithes crée une sélectivité entre les molécules certaines molécules sont adsorbées et d'autres pas. Ce qui permet à ces matériaux zéolithiques d'être utilisées comme tamis moléculaires dans la séparation et l'adsorption sélectives de molécules. Leur grande capacité d'adsorption fait de ces solides d'excellents adsorbants sélectifs.

L'industrie du pétrole utilise les propriétés de séparation des zéolithes pour séparer les différentes fractions pétrolières.

Parmi les procédés les plus utilisés, le plus important est la séparation des n-paraffines des iso-paraffines d'un mélange de n- et isoparaffines sur la zéolithe 5A (Ca-A, LTA) [18, 20].

La séparation des paraffines branchées des paraffines normales de la coupe C5 à C8 en est l'une des applications les plus importantes.

I-2-4-3La catalyse hétérogène

Depuis les années 1960, la revue de Venuto [21] regroupe une grande partie des réactions de chimie organique possibles sur ces matériaux zéolithiques. Ces zéolithes sont utilisées dans les réactions d'oxydation des alcanes (C-H) [62].

Ainsi, l'industrie pétrolière profite largement de ces propriétés pour la valorisation des fractions du pétrole lors de son raffinage. Le tableau 5, regroupe les zéolithes entrant en jeu dans les procédés de raffinage en pétrochimie et dans quelques autres procédés.

Tableau 5 : Zéolithes entrant en jeu dans les procédés de raffinage en pétrochimie et dans quelques autres procédés.

Raffinage et pétrochimie	Référence
Craquage (USY : « Ultra Sable Y zeolite » (FAU))	[18]
Hydrocraquage (zéolithe Y (FAU), Offrétite (OFF) et Erionite (ERI))	[22]
Alkylation (ZSM-5 (MFI)) et Mordénite (MOR)	[22]
Réformage	[22]
Déparaffinage catalytique : (ZSM-5 (MFI), Pt/SAPO-11 (AEL), Mordénite (MOR) et Erionite (ERI)) Isomérisation (ZSM-5 (MFI), Ferriérite (FER)) Conversion méthanol – essence,	[22] [21, 22] [21, 22]

procédé MTG (ZSM-5 (MFI))	
Chimie fine et dépollution : Oxydation (TS-1 (MFI)) de-NOx (ZSM-5 (MFI))	[23] [24]

Chapitre II :
Partie Expérimentale

II-1 Synthèse des zéolithes de type MFI :

Comme matériaux zéolithiques de type MFI, nous nous sommes intéressés à la synthèse de zéolithe ZSM-5 en utilisant trois protocoles différents :

Pour la synthèse de la zéolithe ZSM-5 en milieu fluorure, nous avons utilisé la composition du mélange réactionnel qui a le mieux marché dans notre laboratoire [54], c'est à dire

$100\ SiO_2\text{-}Al_2O_3\text{-}40KF\text{-}40TPABr\text{-}7000H_2O$

Le matériaux obtenu est nommé échantillon (A).

D'autres compositions du mélange réactionnel ont également été réalisées, pour les échantillons (B) et (C).

Pour les synthèses des échantillons (B) et (C), nous avons utilisé les compositions des mélanges réactionnels suivantes :(Tableau II-1)

Les échantillons	Les compositions
Echantillon (B)	$27.20CH_3NH_2\text{-}Al_2O_3\text{-}24SiO_2\text{-}6.6TPABr\text{-}180H_2O$
Echantillon (C)	$1.92NH_3\text{-}Al_2O_3\text{-}24SiO_2\text{-}6.6TPABr\text{-}180H_2O$

II-1-1 Les réactifs utilisés :

*Source de silice : silicate de sodium de composition :(63% SiO_2, 18% Na_2O, 18%H_2O) (Aldrich chemical company).

*Source d'aluminium: sulfate d'aluminium hexadecahydrate.

*Sels fluorhydriques : fluorure de potassium (KF). (Riedel de Haen).

*Source de l'agent structurant : bromure (le tétrapropylammonium).(Merck-Schuchardt).

*Solvant : eau désionisée.

*L'ammoniac (NH₃) : Merck.

* La éthylamine (CH₃NH₂): 40% , Meck.

*Le bromure de tétrapropylammonium : Merck-Schuchardt.

II-1-2 Protocoles de synthèses de la zéolithe ZSM-5 :

II-1-2-a Protocole de synthèse de la zéolithe ZSM-5 en milieu fluorure :

Echantillon(A)

Nous partons de la composition du mélange réactionnel suivante :

$100\ SiO_2\text{-}Al_2O_3\text{-}40KF\text{-}40TPABr\text{-}7000H_2O$

Nous préparons deux solutions, solution A et solution B :

Solution A :

Dans un bécher, en introduisant 1.9g de Na_2SiO_4 dans 12.6g d'eau, on met ce mélange sous agitation pendant 30 minutes, puis on ajoute 1.81g de TPABr, après on met le tous sous agitation pendant 2 heures jusqu'à l'obtention d'un mélange homogène.

Solution B :

Dans un autre bécher, nous mettons successivement 0.23g de KF, 12.6g d'eau et 0.133g d'$AL_2\ (SO4)_3$ on laisse sous agitation pendant 2 heures. Ensuite, nous versons la solution B dans la solution A en vérifiant le pH, il est à pH=13, on l'ajuste à pH=10.5 en ajoutant quelques gouttes de HCL (1M). Nous versons le gel dans un réacteur, ce réacteur sera placé dans une étuve portée à 170°C pendant 24 heures.

Le solide obtenu est filtré, puis lavé plusieurs fois à l'eau distillée, séché en le portant dans l'étuve à 80°C. Avant, son utilisation, ce solide est calciné à 550°C.

II-1-2-b Protocole de synthèse de la zéolithe ZSM-5 en utilisant la méthylamine comme agent mobilisateur :

Echantillon(B)

Dans un bécher, en introduisant 7.5g de silicium dans 2.80g d'eau, en ajoutant successivement 0.165g de NaOH, 0.340g de NaAlO$_2$, 1.756g de CH$_3$NH$_2$ (méthyle amine) et 3.66g de TPABr(la bromure de tétrapropylammonium).On met ce mélange sous agitation pendant 2 heures jusqu'à l'obtention d'un mélange homogène.Nous versons le gel dans un réacteur, ce réacteur sera placé dans une étuve portée à 150°C pendant 24heures.

II-1-2-c Protocole de synthèse de la zéolithe ZSM-5 en utilisant l'ammoniaque comme agent mobilisateur :

Echantillon(C)

Dans un bécher, en introduisant 7.5g de silicium dans 2.213g d'eau, en ajoutant successivement 0.165g de NaOH, 0.340g de NaAlO$_2$, 0.068g de NH$_3$ (méthyle amine) et 3.66g de TPABr.On met ce mélange sous agitation pendant 2 heures jusqu'à l'obtention d'un mélange homogène.Nous versons le gel dans un réacteur, ce réacteur sera placé dans une étuve portée à 150°C pendant 24heures.

II-2Caractérisation :

Le matériau calciné est analysé à l'aide de la spectroscopie infrarouge et la diffraction des rayons X.

II-2-1Spectroscopie infrarouge de l'échantillon (A) :

L'analyse par spectroscopie infrarouge de l'échantillon(A) (figure II.1), révèle des bandes de vibration internes dans la région 440-570 cm-1, ces bandes de vibration sont attribuées aux modes de formation des liaisons O-Si-O.

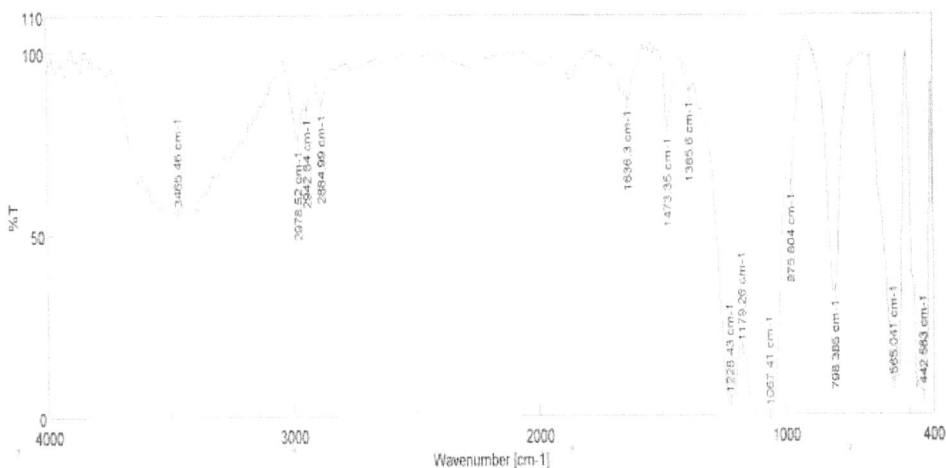

Figure II.1 : spectre infrarouge IRTF de l'échantillon (A)

Dans la région 1067-1230 cm-1, nous observons également les bandes de vibration internes attribuées aux liaisons O-Si-O.

II-2-2 Diffraction des rayons X de l'échantillon (A) :

La figure (II.2) montre les pics caractéristiques de la structure de la zéolithe de type MFI.

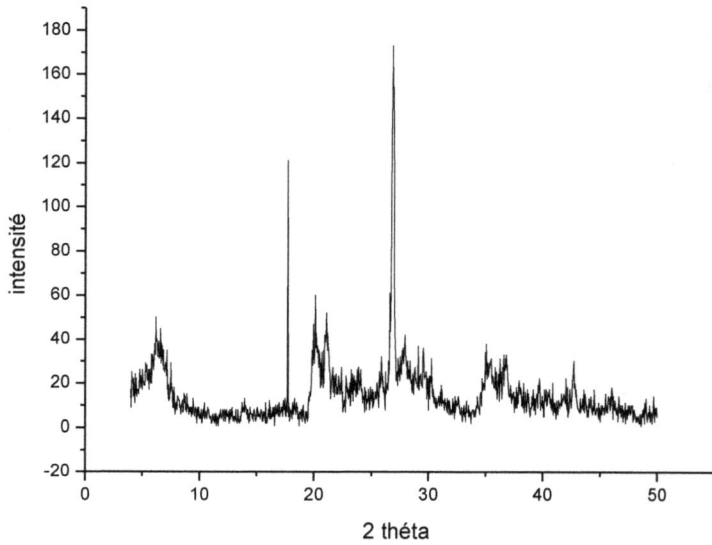

Figure II.2 : Diffractogramme DRX de l'échantillon (A)

Ces pics sont aux alentours de $2\theta=7°$ et $2\theta=26°$.

II-2-3 Spectroscopie infrarouge de l'échantillon (B) :

Le spectre infra rouge de l'échantillon(B) (figure II.3), révèle la présence des bandes de vibration internes dans la région 410-480 cm-1, ces bandes de vibration sont attribuées aux modes de formation des liaisons O-Si-O.

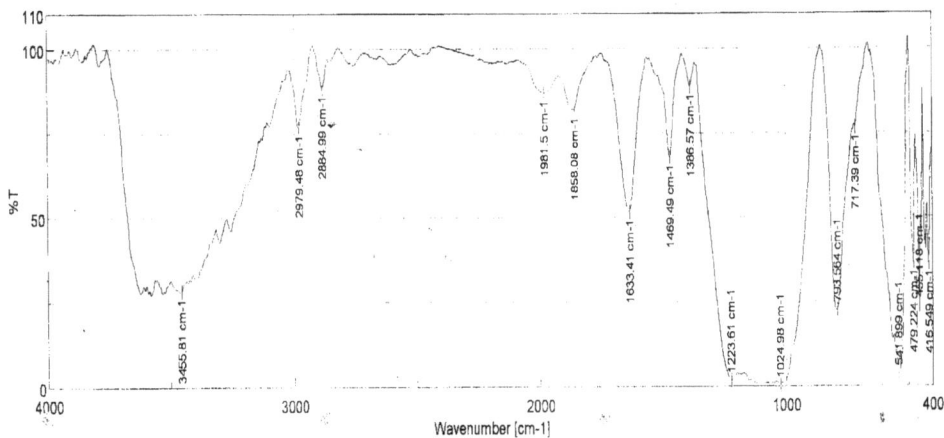

Figure II.3 : spectre infrarouge IRTF de l'échantillon (B)

Les bandes de vibrations internes qui se trouvent dans la région 1020-1224 cm-1, sont attribuées aux liaisons O-Si-O.

II-2-4 Diffraction des rayons X de l'échantillon (B) :

L'analyse de la diffraction des rayons X de l'échantillon (B) (la figure (II.4))

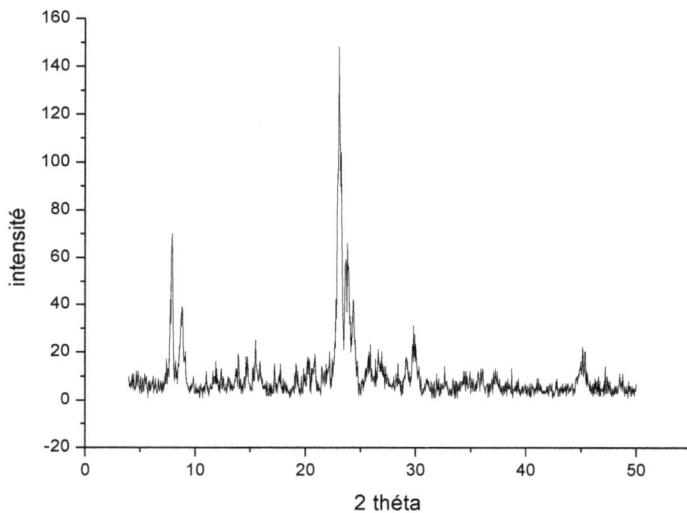

Figure II. 4 : Diffractogramme DRX de l'échantillon (B)

Montre des pics à $2\theta=8°$ et à $2\theta= 24°$, ceci confirme la structure MFI.

II-2-5 Spectroscopie infrarouge de l'échantillon (C) :

L'analyse par spectroscopie infrarouge de l'échantillon(C) (figure II.5), montre des bandes de vibration internes dans la région 417-470 cm-1, ces bandes de vibrations correspondent aux modes de formation des liaisons O-Si-O.

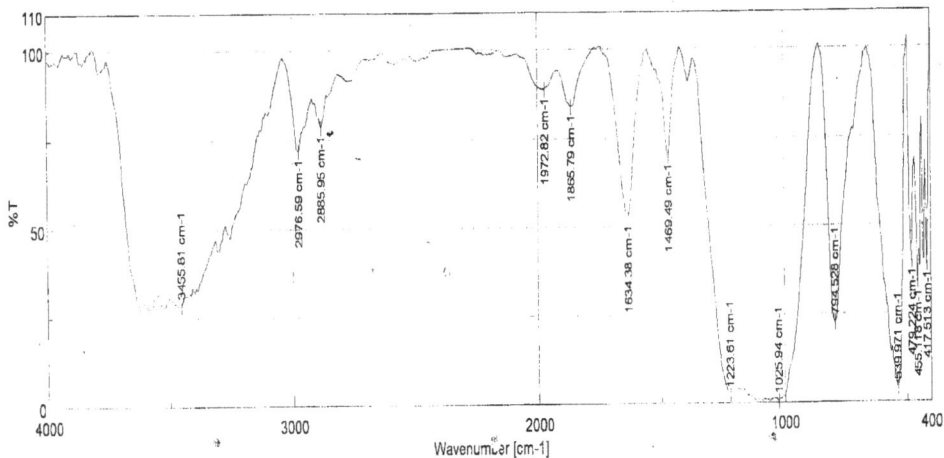

Figure II.5 : spectre infrarouge IRTF de l'échantillon (C)

Les bandes de vibration internes qui se trouvent dans la région 1020-1224 cm-1, correspondent aux liaisons O-Si-O.

II-2-6 Diffraction des rayons X de l'échantillon (C) :

La figure (II 6) montre les pics qui sont caractéristiques de la structure MFI.

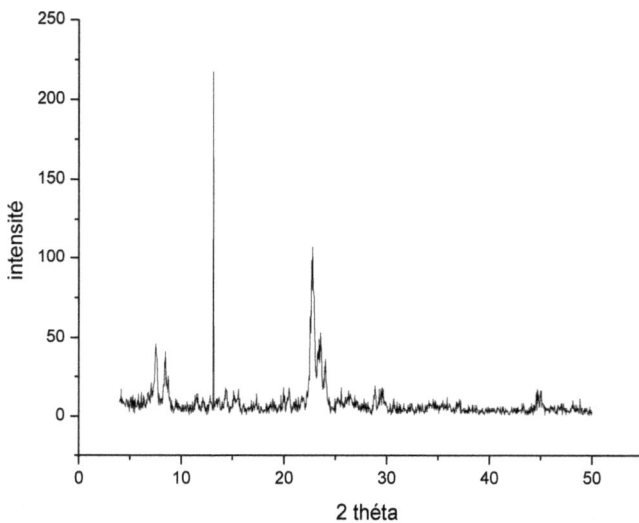

Figure II.6 : Diffractogramme DRX de l'échantillon (C)

Ces pics se trouvent aux alentours de $2\theta=7°$, $2\theta= 8°$ et aux alentours de $2\theta= 23°$ et $2\theta= 24°$.

II-3 Echange ionique au cuivre, préparation de la zéolithe Cu-ZSM-5 :

Une des propriétés principales des zéolithes c'est l'échange cationique.

Une quantité de zéolithe ZSM-5 est mise en contact avec une solution saline de CuCl2, 1M.

II-3-1 Préparation du matériau échangé Cu-ZSM-5 :

II-3-a Etape de sodation de la zéolithe ZSM-5 (NaZSM-5) :

1 gramme de zéolithe ZSM-5 est mis en contact avec 100ml de solution saline de NaCl 1M, le tout est gardé sous agitation pendant une nuit et à température ambiante.

La solution est ensuite filtrée. Le solide obtenu (Na ZSM-5) est lavé et séché à 80°C.

II-3-b Etape de l'échange au cuivre, préparation de la zéolithe Cu-ZSM-5 :

1gramme de zéolithe Na-ZSM-5 est mis en contact avec 200ml de solution de $CuCl_2$, 1M. Le pH est ajusté à 6, la température est de 60°C et le temps d'agitation est de 1h30.

Le matériaux obtenu est filtré, lavé et séché.

Le matériau échangé (Cu ZSM-5) obtenu est identifié à l'aide de la diffraction des rayons X.

II-3-2 Caractérisation

II-3-2-a caractérisation à l'aide de la diffraction des rayons X :

L'analyse du diffractogramme des rayons X du matériau échangé Cu-ZSM-5(figure II-7), montre que la structure type MFI est conservée.

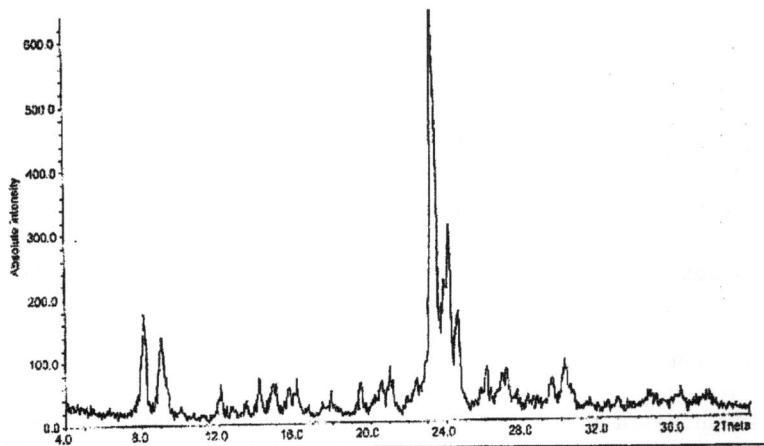

Figure II-7 : Diffractogramme des rayons X du matériau échangé Cu-ZSM-5

En effet,la présence des pics à $2\theta=8°,2\theta=9°$ et à $2\theta=24°,2\theta=25°$,révèlent la structure type MFI.

II-4Synthèse de silicalites

La nomenclature de ces matériaux zéolithiques dépend de la concentration des réactifs du mélange réactionnel :

- Lorsque le rapport Si/T (T= Ga,…) est supérieur à 500, nous avons les silicalites

- Et lorsque le rapport Si/Al est inférieur à 500, nous avons les ZSM-5 avec T= Al

II-4-1 Les Compositions :

Les compositions des mélanges réactionnels que nous avons utilisés sont les suivantes : (Tableau II-2)

Les échantillons	Les compositions
Echantillon (D)	$0.1Na_2O-1.5$ DEA-SiO_2-$15H_2O$
Echantillon (E)	0.065 Na_2O- DEA-SiO_2-$7H_2O$
Echantillon (F)	0.065 Na_2O-DEA- SiO_2- $7H_2O$
Echantillon (G)	0.04TPABr-DEA-SiO_2-$13H_2O$-$0.01VOSO_4$
Echantillon (H)	0.04TPAOH-SiO_2-$0.01TiO_2$-$13H_2O$

II-4-2 Les réactifs utilisés :

*source de vanadium   : vanadium (IV)-oxid sulfate (Fluka AG, Buchs SG 94730)

*source de template : -bromure (le tétrapropylammonium). (Merck-Schuchardt)

-diethylamine (Merck- **Schuchardt**)

II-5 Protocoles de synthèses de la silicalite :

II-5-1-a Protocole de synthèse de la silicalite en utilisant la diéthylamine comme agent structurant :

Pour préparer nos silicates, nous avons utilisé les protocoles suivants [55] pour

L'échantillon(D) :

Dans un bécher, en introduisant 3.75g de silicium dans 4.45g d'eau, en ajoutant successivement 0.2g de NaOH et 2.73g de DEA .On met ce mélange sous agitation pendant 2 heures jusqu'à l'obtention d'un mélange homogéne.Nous versons le gel dans un réacteur, ce réacteur sera placé dans une étuve portée à 150c° pendant 7jours.

L'échantillon(E) :

Dans un bécher, en introduisant 7.5g de silicium dans 1.69g d'eau, en ajoutant successivement 0.25g de NaOH et 3.65g de DEA .On met ce mélange sous agitation pendant 2 heures jusqu'à l'obtention d'un mélange homogéne.Nous versons le gel dans un réacteur, ce réacteur sera placé dans une étuve portée à 160°C pendant 24heures.

L'échantillon(F) :

Dans un bécher, en introduisant 7.5g de silicium dans 1.69g d'eau, en ajoutant successivement 0.25g de NaOH et 3.65g de DEA. On met ce mélange sous agitation pendant 2 heures jusqu'à l'obtention d'un mélange homogéne.Nous versons le gel dans un réacteur, ce réacteur sera placé dans une étuve portée à 175°C pendant 24heures.

II-5-1-b Protocole de synthèse de la silicalite en utilisant la TPABr comme agent structurant :

L'échantillon(G) :

Dans un bécher, en introduisant 7.5g de silicium dans 6.75g d'eau, en ajoutant successivement 0.532g de TPABr ,0.126g de $VOSO_4$ et 3.65 de DEA. On met ce mélange sous agitation pendant 2 heures jusqu'à l'obtention d'un mélange homogéne.Nous versons le gel dans un réacteur, ce réacteur sera placé dans une étuve portée à 175°C pendant 24heures.

II-5-1c Protocole de synthèse de la silicalite en utilisant la TPAOH comme agent structurant :

L'échantillon(H) :

Dans un bécher, en introduisant 3.75g de silicium dans 3.2g d'eau, en ajoutant successivement 0.813g de TPAOH et 0.057g de TiO_2.On met ce mélange sous agitation pendant 2 heures jusqu'à l'obtention d'un mélange homogéne.Nous versons le gel dans un réacteur, ce réacteur sera placé dans une étuve portée à 175°C pendant 24heures.

Les matériaux obtenus ont été identifiés à l'aide de la spectroscopie infrarouge et diffraction des rayons X.

II-6Caractérisations

II-6-1Spectroscopie infrarouge de l'échantillon (D) :

Sur le spectre infrarouge (figures (II 8)), nous observons des bandes de vibration internes vers 400-480cm-1, bandes de vibration caractéristiques des O-Si-O. Ce qui prouve que notre matériau est formé.

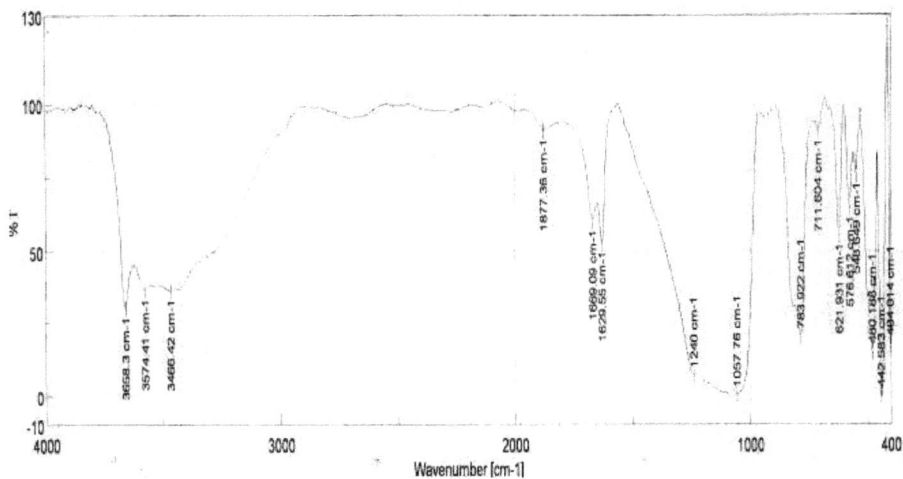

Figure II.8 : spectre infrarouge IRTF de l'échantillon (D)

Dans la région 1057-1240 cm-1, nous remarquons que ces bandes de vibration internes attribuées aux liaisons O-Si-O.

II-6-2 Diffraction des rayons X de l'échantillon (D) :

L'étude du diffractogramme des rayons X (figure (II.9)),

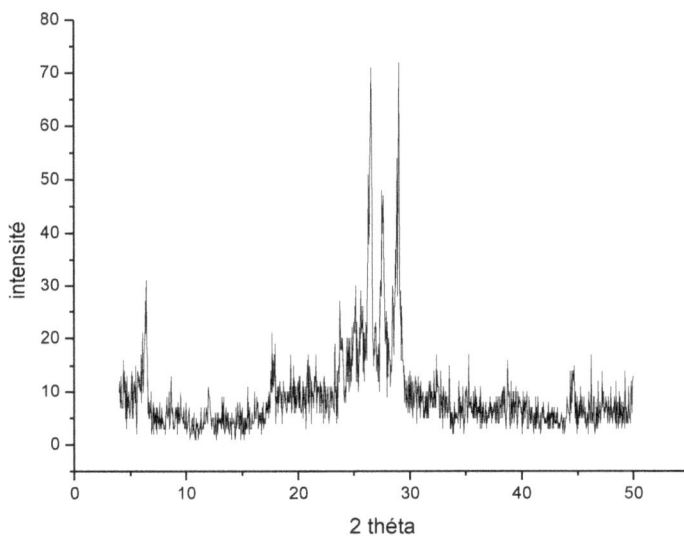

Figure II.9 : Diffractogramme DRX de l'échantillon (D)

Révèle des pics à $2\theta = 7°$ et $2\theta = 26°, 27°$ et $28°$ ces pics confirment la structure MFI.

II-6-3 Spectroscopie infrarouge de l'échantillon (E) :

Le spectre infrarouge (figure (II 10)), montre des bandes de vibration internes vers 419- 493cm-1, se sont des bandes caractéristiques des O-Si-O. Ce qui prouve que notre matériau est formé.

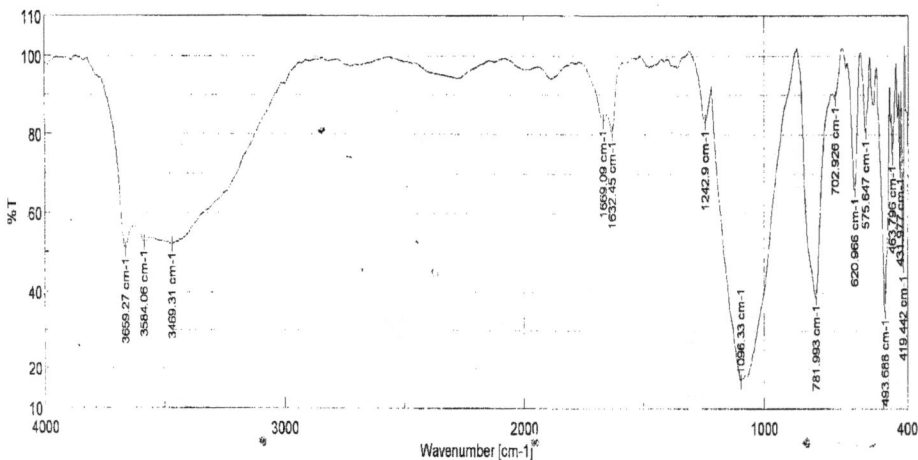

Figure II.10 : spectre infrarouge IRTF de l'échantillon (E)

Aux alentours de 1098 cm-1, les bandes de vibration internes correspondent aux liaisons O-Si-O.

II-6-4 Diffraction des rayons X de l'échantillon (E) :

L'étude du diffractogramme des rayons X (figure (II.11)),

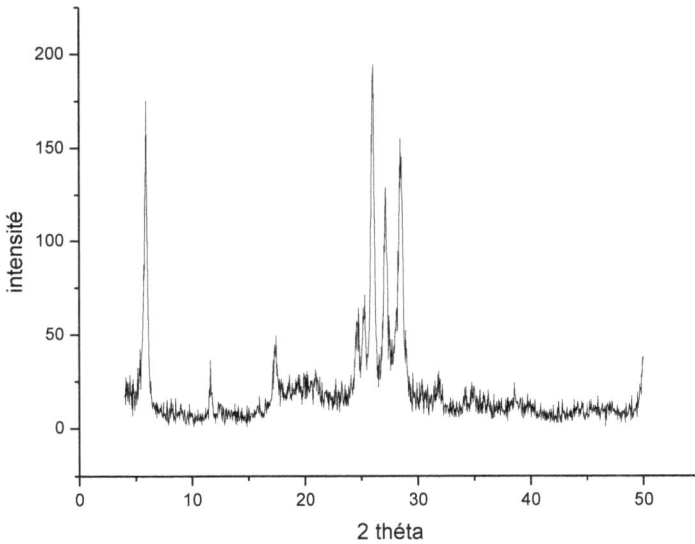

Figure II.11 : Diffractogramme DRX de l'échantillon (E)

Présente des pics à $2\theta = 6.5°$ et $2\theta = 25°, 26°, 27°$, se sont des pics caractéristiques de la structure MFI.

II-6-5 Spectroscopie infrarouge de l'échantillon (F) :

Sur le spectre infrarouge (figure (II 12)), nous observons des bandes de vibration internes vers 430cm-1, se sont des bandes caractéristiques des O-Si-O Nous remarquons aussi des bandes de vibrations vers 782cm-1, qui sont caractéristiques des Si-O-Si. Ce qui prouve que notre matériau est formé.

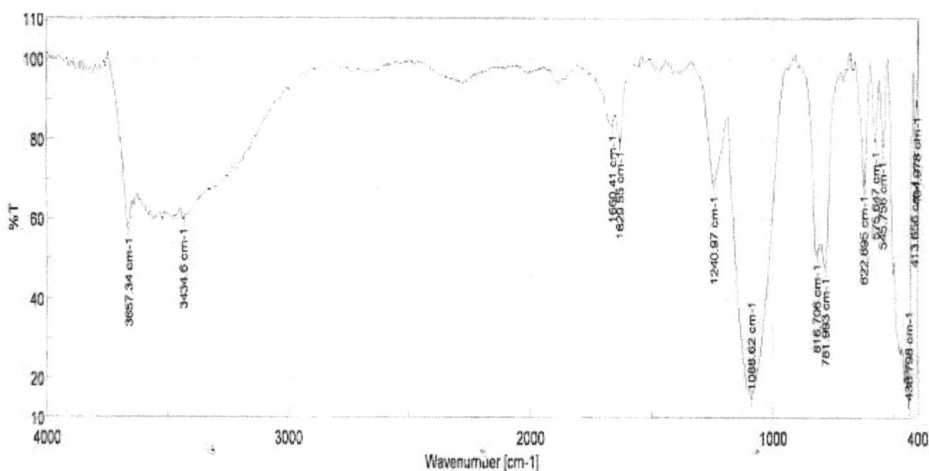

Figure II .12: spectre infrarouge IRTF de l'échantillon (F)

À 1000 cm-1, nous remarquons également les bandes de vibration internes attribuées aux liaisons O-Si-O.

II-6-6 Diffraction des rayons X de l'échantillon (F) :

L'étude du diffractogramme des rayons X (figure (II.13)),

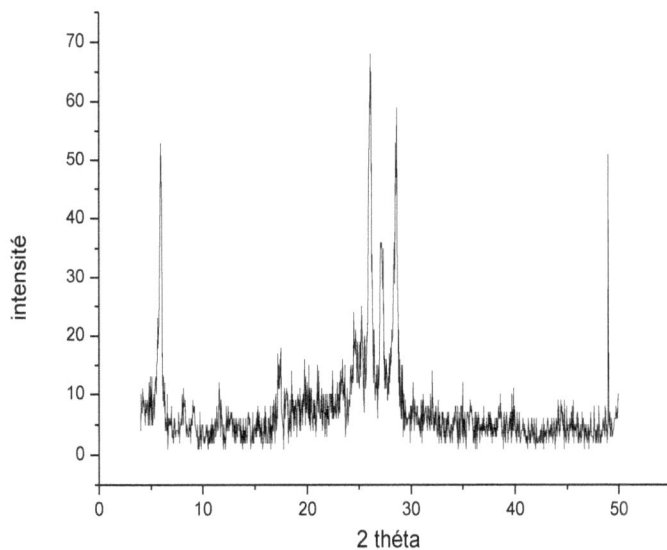

Figure II.13 : Diffractogramme DRX de l'échantillon (F)

Révèle des pics à $2\theta = 6.5°$ et $2\theta = 26°,28°$, se sont des pics caractéristique de la structure MFI.

II-6-7 Spectroscopie infrarouge de l'échantillon (G) :

Sur le spectre infrarouge (figure (II 14)), nous observons des bandes de vibration internes à 430-480cm-1, bandes de vibration caractéristiques des O-Si-O. Ce qui prouve que notre matériau est formé.

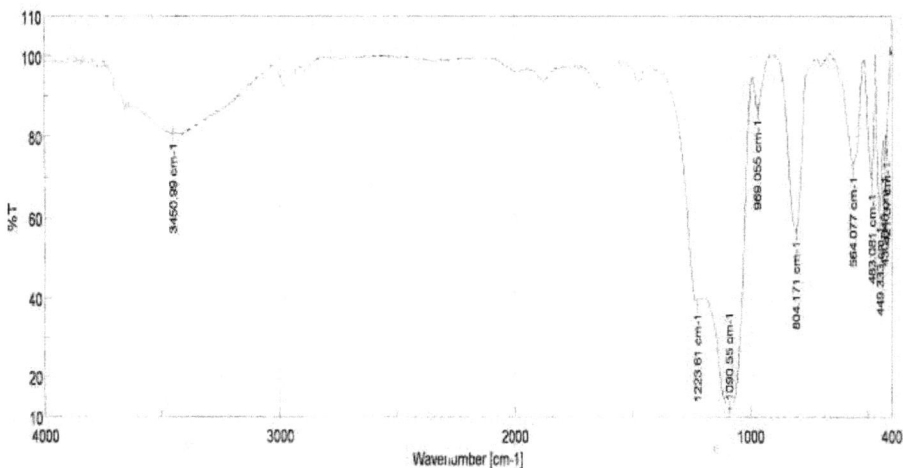

Figure II.14 : spectre infrarouge IRTF de l'échantillon (G)

Dans la région 1090-1223 cm-1, nous remarquons également les bandes de vibration internes attribuées aux liaisons O-Si-O.

II-6-8 Diffraction des rayons X de l'échantillon (G) :

L'étude du diffractogramme des rayons X (figure (II.15)),

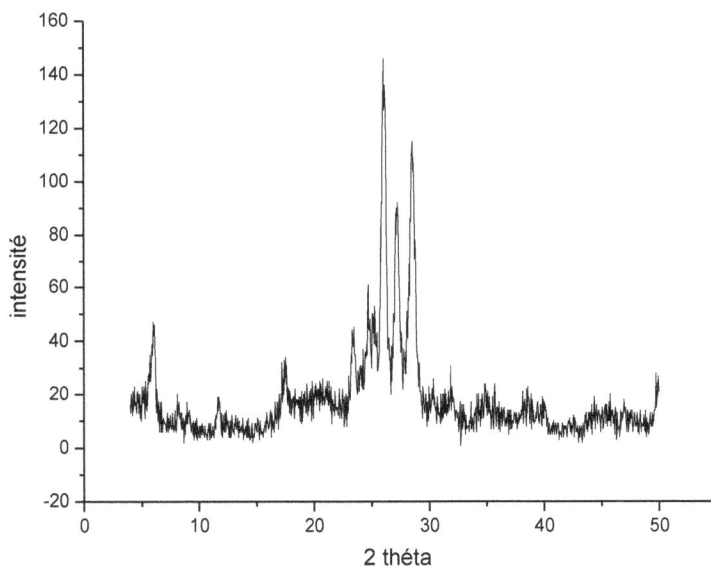

Figure II.15 : Diffractogramme DRX de l'échantillon (G)

Montre des pics à $2\theta = 6.5°$ et $2\theta = 25°,27°,28°$, qui sont des pics caractéristique de la structure MFI.

II-6-9 Spectroscopie infrarouge de l'échantillon (H) :

Sur le spectre infrarouge (figure (II 16)), nous observons des bandes de vibration internes à 446cm-1, bandes de vibration caractéristiques des O-Si-O. Ce qui prouve que notre matériau est formé.

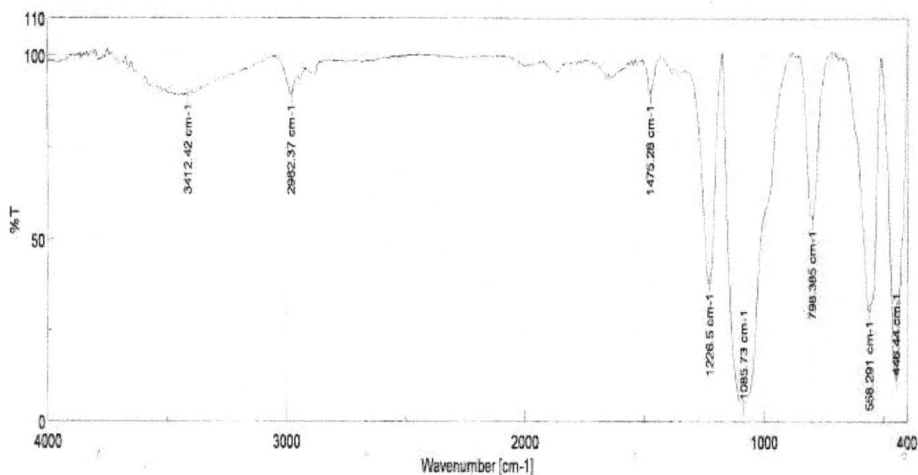

Figure II.16 : spectre infrarouge IRTF de l'échantillon (H)

Dans la région 1085-1226 cm-1, nous remarquons également les bandes de vibration internes attribuées aux liaisons O-Si-O.

II-6-10 Diffraction des rayons X de l'échantillon (H) :

L'étude du diffractogramme des rayons X (figure (II.17)),

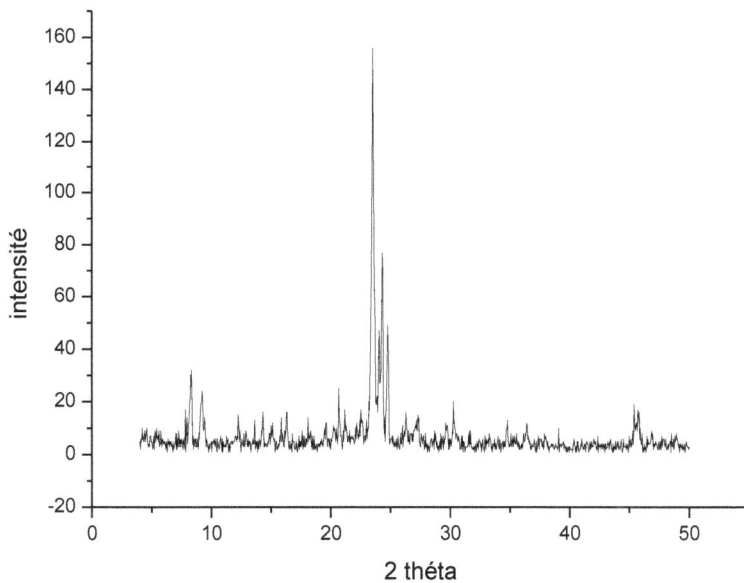

Figure II.17: Diffractogramme DRX de l'échantillon (H)

Montre des pics à $2\theta = 8°$ et $2\theta = 24.5°$, ces pics confirment la structure MFI.

II-7 Conclusion

Les analyses de la spectroscopie infrarouge et de diffraction des rayons X montrent que le bromure de tétrapropylammonium (TPABr) comme agent structurant, le méthylamine (CH_3NH_2) et l'ammoniac (NH_3) comme agent mobilisateur permettent d'obtenir la zéolithe ZSM-5.

À partir des analyses de diffraction des rayons X et la spectroscopie de l'infrarouge, les silicalites formées avec les différents protocoles où nous avons utilisé la diéthylamine (DEA) et l'hydroxyde de tétrapropylammonium (TPAOH) comme agent structurant et la soude (NaOH) comme agent mobilisateur nous avons obtenus les résultats suivants :

*Pour l'échantillon (D) : nous observons la présence d'un début de cristallisation et une phase lamellaire.

*Pour l'échantillon (E) : apparition d'un début de cristallisation et une phase lamellaire.

*Pour l'échantillon (F) : nous observons l'apparition d'un début de cristallisation et une phase lamellaire.

*Concernant l'échantillon (G) : on peut dire que nous avons obtenu notre matériau avec une cristallisation de 60%, le matériaux est bien formé

*L'échantillon (H): est bien cristallisé, ceci est confirmé par l'apparition du pic à $2\theta=7.5$.

Chapitre III :

Application : Oxydation de la 4-oxo,2-thioxo,N(2-OMephényl) thiazolidine

Introduction

Les propriétés catalytiques des zéolithes dépendent des conditions opératoires des synthèses et de leurs propriétés chimiques et physico chimiques.

Les caractéristiques des zéolithes qui déterminent leurs propriétés catalytiques sont nombreuses. On peut citer:

- la structure,

-la composition chimique,

-La taille et la forme des cristallites,

- l'adsorption.

De nombreuses molécules organiques, par exemple le butane ou le PVC, sont constitués d'un squelette de liaisons carbone-hydrogène C-H.

Les liaisons simples sont connues pour être très peu réactives, il est donc difficile de les transformer en d'autres liaisons chimiques, et surtout en doubles liaisons carbone-oxygène C=O.

Pour faciliter l'oxydation de ces liaisons simples C-H,   il faut utiliser un catalyseur ; ce qui offrirait une méthode de synthèse de molécules aux propriétés nouvelles.

Mark Chen et ses collègues, de l'Université de l'Illinois à Urbana-Champaign, viennent de développer un catalyseur à base de fer qui permet d'oxyder efficacement des liaisons C-H en liaisons C=O par de l'eau oxygénée (H_2O_2), dans des conditions expérimentales accessibles.

M. Chen et ses collègues se sont tournés vers la catalyse enzymatique avec un atome de fer placé au centre d'un octaèdre dont les sommets sont occupés par des molécules organiques.

Ce catalyseur est mélangé avec de l'eau oxygénée, de l'acide acétique et, un réactif possédant de s liaisons C-H permettent l'oxydation en liaison C=O.

Les conditions opératoires (température ambiante, temps de réaction de l'ordre de la demi-heure), sont douces et, surtout, la méthode est sélective, c'est-à-dire qu'elle permet d'oxyder une liaison C-H plutôt qu'une autre dans la molécule organique que l'on cherche à oxyder.

Les zéolithes adsorbent normalement l'eau, on peut leur trouver des applications en tant que déshydratant. Ainsi, on sait que les zéolithes présentant une structure de type silicalite, malgré leur grande surface interne, ne sorbent que très peu d'eau [59], ce qui les rend responsables des propriétés particulières des silicalites au titane (TS-1, TS-2) en tant que catalyseurs sélectifs [60].

Les silicalites sont les seuls catalyseurs hétérogènes qui peuvent utiliser H_2O_2 en tant qu'agent d'oxydation pour des oxydations sélectives.

Mal N.K. et coll. Ont oxydé l'éthylbenzène avec des silicates de type MFI comme ctalyseurs [56].

L'oxydation des hétérocycles soufrés par des oxydants tels que H_2O_2 en présence de catalyseurs, ou $KMnO_4$, donne soit des (mono ou di) sulfones si l'atome de soufre est endocyclique, soit un carbonyle dans le cas des thiones (C=S), à 70°C.

D'autres chercheurs tels que Amit R. Supale et coll. [58] ont réalisé l'oxydation sélective des sulfides (C- S- C) en sulfones (S=O) en utilisant H_2O_2 et le catalyseur type Anderson, l'hexamolybdo chromate (III) , à la température de 60°C.

Z.Lounis et coll. [54] ; notre équipe du laboratoire de chimie des matériaux de l'université d'Oran, a utilisé la zéolithe échangée Cr-ZSM-5 comme catalyseur, pour oxyder des alcools benzyliques et des méthylènes benzyliques.

S'appuyant sur ces exemples, nous avons réalisé l'oxydation de la 4-oxo,2-thioxo,N(2-OMephényl) thiazolidine (figure III.1) en utilisant la zéolithe échangée Cu-ZSM-5 comme catalyseur avec H_2O_2 comme oxydant.

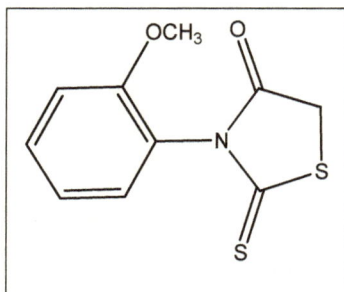

Figure III. 1: 4-oxo,2-thioxo, N(2-OMe phénnyl)thiazolidine.

III.1 Synthèse de : 4-oxo,2-thioxo,N(2-OMephényl)thiazolidine

La synthèse de la 4-oxo,2-thioxo,N(2-OMephényl)thiazolidine a été réalisée au laboratoire de chimie organique de l'université d'Oran, avec madame le Professeur Djafri Megueddad Ayada, dans le cadre du travail de Magister de Monsieur Toubal Khaled[61].

La synthèse de la 4-oxo,2-thioxo,N(2-OMephényl)thiazolidine, est réalisée selon le schéma 1:

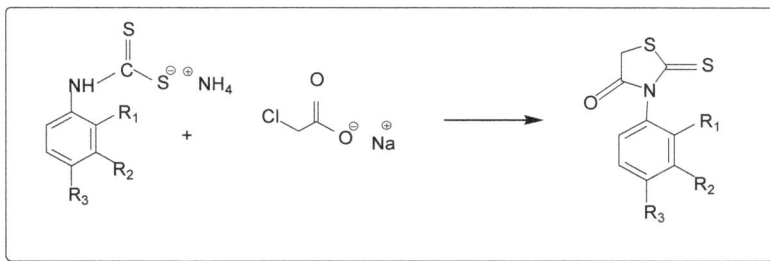

Schéma 1: Synthèse 4-oxo,2-thioxo,N(2-OMephényl)thiazolidine

Avec : $R_1 = OCH_3$

Et $R_3 = R_2 = H$

a-Synthèse du N-aryldithiocarbamate d'ammonium (DTC):

Le DTC est préparé selon la réaction ci-dessous :

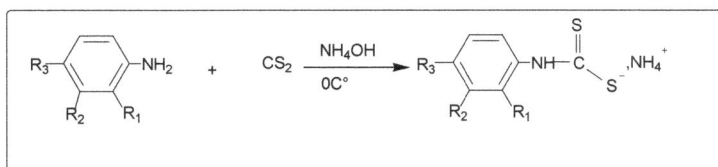

Schéma 2 : Synthèse du N-aryldithiocarbamate d'ammonium.

Le N-aryldithiocarbamate d'ammonium est préparé selon le protocole suivant :

Une quantité de CS$_2$ est ajouté à 30ml d'une solution d'ammoniaque. Le mélange réactionnel est refroidi dans un bain de glace. A l'aide d'une ampoule à brome et sous agitation mécanique l'amine (orthométhoxyaniline) est ajoutée goutte à goutte pendant 20 min sous agitation. Des cristaux sont obtenus et récupérés puis lavés avec l'éther éthylique et séchés avec du papier filtre.

b- Synthèse de la 4-oxo,2-thioxo,N(2-OMephényl)thiazolidine

Le sel dithiocarbamate synthétisé est solubilisé dans l'eau distillée sous agitation magnétique à 0 °C, le chloroacétate de sodium est ajouté en deux fois sous agitation mécanique. Pour acidifier le milieu, du HCl concentré est ajouté, le mélange réactionnel est porté au reflux.

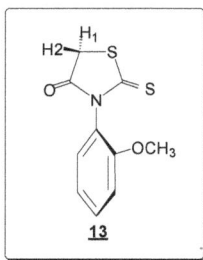

Figure III.2:4-oxo,2-thioxo,N(2-OMephényl)thiazolidine.

III.1-1 Les Caractéristiques Spectroscopiques:

III.1-1-a Caractéréstiques physiques:

- Poudre blanche
- Rd =21%
- Pf = 142°C
- Rf = 0.87 (CH$_2$Cl$_2$/MeOH) (9,8/0,2)

III.1-1-b Données Spectroscopie Infra- Rouge :

Dans le spectre I.R. on décèle les fréquences suivantes.

○ 1753 cm^{-1} est attribuée à la fréquence de vibration de la fonction carbonyle.

III.1-1-c Résonnance magnétique nucléaire:

○ **RMN^{1}H (250 MHz, CDCL$_3$/TMS) δppm, J Hz** : 7.45-7.01.(m, 4H); 4.180 ;4.164(AB, 2H,AB.J$_{AB}$= 18.136); 3.80(s, 3H).

○ **RMN^{13}C (75 MHz, CDCl$_3$/TMS) δppm**: 200.991(C=O)172.997(C=S); (154.170; 131.472; 129.879; 123.390; 121.022; 112.368)Aryl;55.845 (OCH3); 36.270(CH$_2$).

L'identification des produits de la réaction d'oxydation obtenus a été réalisée par la chromatographie en phase gazeuse couplée avec la spectrométrie de masse.

III.2 Technique de caractérisation : La chromatographie en phase gazeuse

III.2-1 Définition:

La chromatographie est une méthode physique de séparation basée sur les différences d'interaction des substances à analyser avec les phases dont l'une est fixe et l'autre est mobile. Il existe plusieurs techniques de chromatographie et selon la nature de cette dernière, la séparation des composés entraînés par la phase mobile, résulte de leur adsorption et de leurs désorptions successives sur la phase fixe, soit de leur désorption sur la phase fixe, soit de leur solubilité différente sur chaque phase.

a- Nature des phases:

➢ **Phase fixe:** Cette phase peut être solide ou liquide. Les phases solides peuvent être, la silice ou l'alumine traitées. Ces matériaux permettent la séparation des composants des mélanges grâce à leurs propriétés adsorbantes.

➢ **Phase mobile:** La phase mobile peut être un gaz, comme en chromatographie en phase gazeuse, ou un liquide, comme en chromatographie sur colonne ou sur couche mince.

Dans la chromatographie phase liquide, la phase mobile est nommée éluant ou solvant.

Dans la chromatographie gazeuse, la phase mobile est gazeuse, elle est nommée gaz vecteur ou gaz porteur.

Dans notre cas, nous avons utilisé la chromatographie en phase gazeuse couplée avec la spectrométrie de masse.

b- Chromatographie en phase gazeuse:

C'est une méthode analytique très pratique, les séparations exigent des quantités de l'ordre du milligramme, parfois même du microgramme. Cette technique permet la séparation de mélanges très complexes.

Le gaz vecteur ou gaz porteur peut être, l'azote, l'hélium et parfois l'hydrogène.

➢ **Analyse qualitative:**

Cette technique permet de contrôler non seulement la pureté des produits synthétisés, mais aussi de mettre en évidence les divers constituants d'un mélange. La méthode la plus sûre et aussi la plus coûteuse, pour identifier les composants consiste à coupler l'appareil avec un spectromètre de masse.

En effet, il est beaucoup plus facile au chimiste de déterminer la formule brute d'une formule brute de son spectre de masse qu'à partir d'aucun autre de ces spectres (IR, UV, RMN). Celui-ci donne la masse de la molécule ainsi que la masse de ses fragments.

➢ **Analyse quantitative:**

La surface du pic correspondant à chaque composant d'un mélange est proportionnelle à la quantité de ce composant. La quantité d'une substance dans un mélange est déterminée par le rapport de la surface du pic correspondant à cette substance sur la surface de tous les pics.

III-3 Réactifs:

-H_2O_2 aqueux 30 %, d= 1.11, PROLABO

-H_2O distillée

-Acétone, BIOCHEM CHEMOPHARMA

-CuZSM-5 que nous avons synthétisée

III-4 Mode opératoire de la réaction d'oxydation de la 4-oxo,2-thioxo, N(2-OMe phénnyl)thiazolidine :

Dans un ballon à deux tubulures, nous introduisons 10^{-3} mole (0,233g) de la 4-oxo, 2-thioxo, N (2-OMe phénnyl)thiazolidine , puis 2x 10^{-3} mole H_2O_2 (l'oxydant) ;25 ml d'eau distillée et 25 ml d' acétone, tout en agitant pendant 30minutes et à température ambiante.

Nous avons suivit la réaction par C.C.M. (chromatographie par couche mince), et réalisé par la suite une chromatographie phase gazeuse couplée à la masse (figureIII.3) en utilisant le CH_2Cl_2 (le diclorométhane) comme solvant.

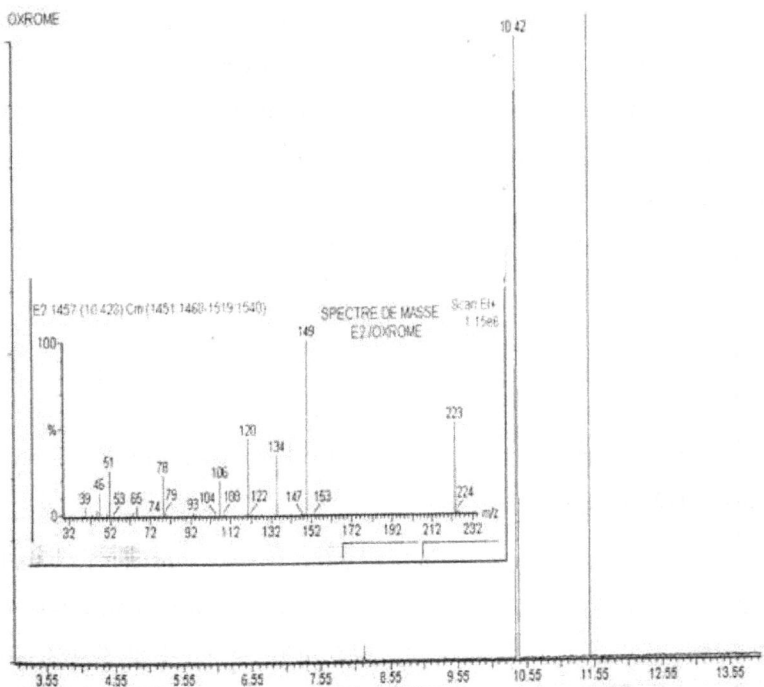

Figure III. 3 : Chromatogramme de l'oxydation de 4-oxo,2-thioxo, N(2-OMe phénnyl)thiazolidine en utilisant la zéolithe échangée Cu-ZSM-5 comme catalyseur et avec H_2O_2 comme oxydant.

L'oxydation de la 4-oxo, 2-thioxo, N (2-OMe phénnyl)thiazolidine en utilisant la zéolithe échangée, Cu-ZSM-5 comme catalyseur et avec H_2O_2 comme oxydant, permet l'obtention (figure III.4) des produits :

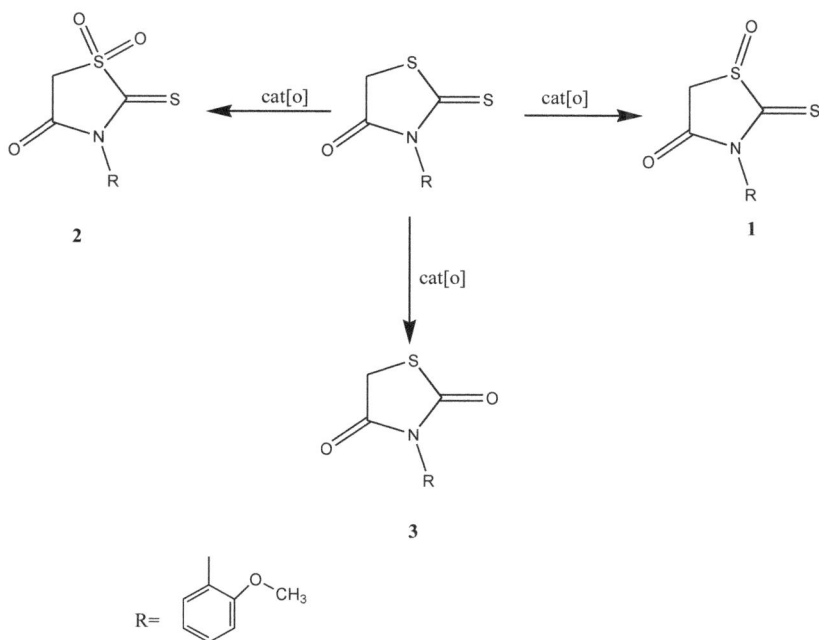

Figure III.4 : Produits obtenus par la réaction de l'oxydation de la 4-oxo,2-thioxo, N(2-OMe phénnyl)thiazolidine en utilisant la zéolithe échangée, Cu-ZSM-5 comme catalyseur et avec H_2O_2 comme oxydant.

Du point de vue caractérisation, la R.M .N . , de l'échantillon n'est pas suffisante pour différencier le 2-thiooxothiazolidine-4one et les produits oxydés. Nous avons recours à la spectroscopie infrarouge et la spectrométrie de masse.

En effet, à partir de l'ion parent moléculaire et le fragmentil est possible de déterminer la structure de la molécule.

III-5 Résultats:

Dans cette molécule deux sites peuvent être oxydés:

-soit au niveau du soufre endocyclique , ce qui conduit aux sulfones.

-soit au niveau du carbone du groupe thionyl (C=S) et c'est la 2,4dioxo,N(2-OMephényl)thiazolidine qui est obtenue avec un rendement qui frôle les 100%(figure III.1 chromatogramme et spectre de masse).

Conclusion Générale

Conclusion Générale :

Notre objectif principal est la synthèse de matériaux de type MFI (silicalites et ZSM-5), et utiliser la Cu-ZSM-5 dans la réaction de l'oxydation de la 4-oxo, 2-thioxo, N (2-OMephényl) thiazolidine.

Nous avons essayé de réaliser des matériaux zéolithiques de type MFI avec des réactifs peu couteux:

-Synthèse de l'échantillon (A), à partir de bromure de tétrapropylammonium (TPABr) comme agent structurant.

-Synthèse de l'échantillon (B), à partir de bromure de tétrapropylammonium (TPABr) comme agent structurant et le méthylamine (CH_3NH_2) comme agent mobilisateur.

-Synthése de l'échantillon (C), à partir de bromure de tétrapropylammonium (TPABr) comme agent structurant et l'ammoniac NH_3 comme agent mobilisateur.

La diéthylamine (DEA), c'est une molécule organique courante et peu couteuse, nous avons essayé de l'introduire dans le mélange réactionnel comme agent structurant dans le cas des échantillons (D), (E) et (F), et agent mobilisateur dans le cas de l'échantillon (G), avec le TPABr comme agent structurant.

Pour l'échantillon (H) on utilisé l'hydroxyde de tétrapropylammonium comme agent structurant.

Tous les matériaux synthétisés ont été caractérisés par la spectroscopie de l'infra rouge, révèle des bandes de vibrations dans la région de 410 à 570 cm-1 et de 1000 à 1224 cm-1, ces bandes attribuées aux modes de formation des liaisons O-Si-O, et des bandes de vibrations vers 782 cm-1 attribuées aux modes de formation des liaisons Si-O-Si. Ces bandes de vibrations sont caractéristiques de la structure MFI.

Ces matériaux ont été caractérisés à l'aide de la diffraction des rayons X. En effet, pour chacun de ces matériaux, la présence des pics aux alentours de $2\theta=6.5\text{-}9°$ et $2\theta=24\text{-}28°$, montre une structure de type MFI.

-la zéolithe ZSM-5 que nous avons synthétisé et échangée au cuivre (Cu-ZSM-5), a été utilisée comme catalyseur dans la réaction de l'oxydation de la 4-oxo,2-thioxo, N(2-OMe phénnyl)thiazolidine, avec H_2O_2 comme oxydant.

La réaction a été suivie par C.C.M, un chromatogramme et un spectre de masse ont été réalisés. Les résultats sont satisfaisants.

Deux sites peuvent être oxydés :

-soit au niveau du soufre endocyclique ce qui donne des sulfone.

-soit au niveau du carbone du groupe thionyl (C=S) et c'est la 2,4dioxo,N(2-OMephényl)thiazolidine qui est obtenue avec un rendement qui frôle les 100%.

Nous pensons que l'oxydation s'est faite au niveau du carbone du groupe thionyl et si l'on pousse la réaction d'oxydation alors on pourra obtenir le di et/ou le monooxyde.

D'autres molécules ont été oxydées, nous attendons les résultats.

Références Bibliographiques

Références Bibliographiques

[1] Cronstedt A.F., *Kongl. Vetenskaps, Acad. Handl. Stockh.*, **1756** , vol 17,pp. 120.

[2] Encyclopedia Universalis.

[3] http://www.curragh-web.com.

[4] A. Dyer, *An Introduction to Zeolite Molecular Sieves*, John Wiley and Sons, Chichester, **1988**, pp 149.

[5] R. M. Barrer, J. W. Baynham, F. W. Bultitude et W. M. Meier, Hydrothermal chemistry of the silicates. Part VIII. Low-temperature crystal growth of aluminosilicates, and of some gallium and germanium analogues, *Journal of the Chemical Society* **1959**, pp. 195 - 208.

[6] A. Corma, F. Rey, J. Rius, M. J. Sabater et S. Valencia, Supramolecular self-assembled molecules as organic directing agent for synthesis of zeolites, *Nature* **2004**,vol 431,pp. 287-290.

[7] P. A. Wright, J. M. Thomas, A. K. Cheetham et A. K. Nowak, Localizing active sites in zeolitic catalysts: neutron powder profile analysis and computer simulation of deuteropyridine bound to gallozeolite-L, *Nature* **1985**, vol 318, pp. 611-614.

[8] J. M. Newsam, D. E. W. Vaughan et K. G. Strohmaier, Synthesis and structure determination of ECR-10. A gallosilicate zeolite with the RHO-framework, *Journal of Physical Chemistry* **1995**, vol 99, pp.9924 - 9932.

[9] A. F. Cronstedt, Observation and description on an unknown mineral-species called zeolites, *Svenska Ventenskaps Akademiens Handlingar Stockholm* **1756**, vol 18, pp.120-123.

[10] R. M. Barrer, Syntheses and reactions of mordenite, *Journal of the Chemical Society, Abstracts* **1948**, pp.2158-2163.

[11] T. B. Reed et D. W. Breck, Crystalline zeolites. II. Crystal structure of synthetic zeolite, type A, *Journal of the American Chemical Society* **1956**, vol 78, pp.5972-5977.

[12] R. L. Wadlinger, G. T. Kerr et E. J. Rosinski, Application: US3308069, **1967**.

[13] E. M. Flanigen, J. M. Bennett, R. W. Grose, J. P. Cohen, R. L. Patton, R. M. Kirchner et J. V. Smith, Silicalite, a new hydrophobic crystalline silica molecular sieve, *Nature* **1978**, vol 271, pp.512-516.

[14] D. M. Bibby et M. P. Dale, Synthesis of silica-sodalite from nonaqueous systems, *Nature* **1985**, vol 317, pp.157-158.

[15] E. M. Flanigen et R. L. Patton, Application: US4073865, **1978**.

[16] J. L. Guth, H. Kessler et R. Wey, New route to pentasil-type zeolites using a nonalkaline medium in the presence of fluoride ions, *Studies in Surface Science and Catalysis* **1986**,vol 28, pp.121-128.

[17] S. T. Wilson, B. M. Lok et E. M. Flanigen, Application: EP43562, **1982**.

[18] J. B. Nagy, P. Bodart, I. Hannus et I. Kiricsi, *Synthesis, Characterization and Use of Zeolitic Microporous Materials*, Z. Konza and V. Tubac (Technical editors), DecaGen Ltd, Zseged, **1998**, pp. 192.

[19] H. Upadek, B. Kottwitz et B. Schreck, Zeolites and novel silicates as raw materials for detergents, *Tenside, Surfactants, Detergents* **1996**, vol 33, pp.385-392.

[20] S. C. Stem et W. E. Evans, Application: EP0384540, **1990**.

[21] P. B. Venuto, Organic catalysis over zeolites: a perspective on reaction paths within micropores, *Microporous Materials* **1994**, vol 2, pp.297-411.

[22] C. Marcilly, Present status and future trends in catalysis for refining and petrochemicals, *Journal of Catalysis* **2003**, vol 216, pp.47-62.

[23] B. Notari, Microporous crystalline titanium silicates, *Advances in Catalysis* **1996**, vol 41, pp.253-334.

[24] A. A. G. Tomlinson, Modern zeolites structure and function in detergents and petrochemicals, *Materials Science Foundations* **1998**, vol 3, pp.1-82.

[25] C. Baerlocher, W. M. Meier et D. H. Olson, *Atlas of Zeolite Framework Type*, Elsevier, **2001**.

[26] R. J. Argauer et G. R. Landolt, Application: US3702886, **1972**.

[27] E. M. Flanigen, H. Khatami, et H. A. Szymanski. Infrared structural studies of zeolite frameworks. J, Adv. Chem. Ser., **1971**, vol 101, pp. 201.

[28] B. D. Saksena. Infrared absorption studies of some silicate structures. Trans. Faraday Soc., **1960** , vol 57, pp.242.

[29] R. G. Milkey. Infrared spectra of some tectosilicates. Am. Mineral., 45, 990, (1960).

[30] V. Stubican et R. Roy. Infrared spectra of layer-structure silicates. J. Am. Ceram. Soc., **1961**, vol 44, pp.625.

[31] E. M. Flanigen. Structural analysis by infrared spectroscopy. Zeolite Chemistry and Catalysis. Advances in Chemistry Series, New York, **1974**, pp.80.

[32] A. J. M. de Man, B. W. H. van Beest, M. Leslie, et R. A. van Santen. Lattice dynamics of zeolitic silica polymorphs. J. Phys. Chem., **1990**, vol 94, pp. 2524.

[33] R. Szostak et T. L. Thomas. Reassessment of zeolite and molecular sieve framework infrared vibrations. J. Catal., **1986**,vol 101, pp.549.

[34] K. S. Smirnov et D. Bougeard. Computer modeling of the infrared spectra of zeolite catalysts. Catal. Today, **2001**, vol 70, pp.243.

[35] K. S. Smirnov et B. van de Graaf. On the origin of the band at 960 cm−1 in the vibrational spectra of Ti-substituted zeolites. Microporous Mater ,**1996** ,vol 7, pp.13.

[36] K. S. Smirnov et D. Bougeard. Molecular dynamics study of the vibrational spectra of siliceous zeolites built from sodalite cages. J. Phys. Chem, **1993**,vol 97, pp.9434.

[37] V. A. Ermoshin, K. S. Smirnov, et D. Bougeard. Ab initio generalized valence force field for zeolite modelling. 1. Siliceous zeolites. Chem. Phys, **1996**, vol 202, pp.53.

[38] J. B. Nicholas, J. Mertz, F. R. Trouw, L. E Iton, et A. J. Hopfinger, pp.39 http://cdalpha.univ- lyon1.fr/.

[40] - M. van Meerssche, J. Feneau-Dupont, *Introduction à la cristallographie et à la chimie structurale*, Ed. Peeters, Leuven **1984**.

[41] D. W. Breck, *Zeolite Molecular Sieves*, John Wiley and Sons, New York, **1974**, pp. 771.

[42] R. M. Barrer, *Hydrothermal Chemistry of Zeolites*, Academic Press, London, **1982**, vol 360.

[43] R. M. Barrer, Syntheses and reactions of mordenite, *Journal of the Chemical Society, Abstracts* **1948**, pp.2158-2163.

[44] T. B. Reed et D. W. Breck, Crystalline zeolites. II. Crystal structure of synthetic zeolite, type A, *Journal of the American Chemical Society* **1956**, vol 78, pp.5972-5977.

[45] Smith J.V., Pluth J.J., Boggs R.C., Howard D.O., *J. Chem. Soc., Chem. Commun.*, **1991**
pp.363.

[46] D. M. Bibby et M. P. Dale, Synthesis of silica-sodalite from nonaqueous systems, *Nature* **1985**, vol 317, pp.157-158.

[47] J. Warzywoda, N. Bac et A. Sacco, Jr., Synthesis of large zeolite X crystals, *Journal of Crystal Growth* **1999**, vol 204, pp.539-541.

[48] J. Warzywoda, A. G. Dixon, R. W. Thompson et A. Sacco, Jr., Synthesis and control of the size of large mordenite crystals using porous silica substrates, *Journal of Materials Chemistry* **1995**, vol 5, pp.1019-1025.

[49] Oxygen tetrhedon.gif-wikpédia
[50] These_ Matthieu.Hureau.pdf

[51] Y. Huang, E. A. Havenga; *J. Phy. Chem. B*, **2000**, vol 104, pp.5084.

[52] These _Harbuzaru_Bogdan.pdf

[53] Imamura, S.; Fukuda, I.; Ishida, S. Wet oxidation catalyzed by ruthenium supported on cerium (IV) oxides. **Industrial and Engineering Chemistry Research**, **1988**, vol 27, pp.718-721.

[54], Z.Lounis et coll. Chromium –exchanged zeolite (Cr-ZSM-5)as catalyst for alcohol oxidation and benzilic with t-BuOOH   applied catalysis, **2006,** vol 7, pp.563-565.

[55]C.S. Cundy et Coll. Some observations on the preparation and properties of colloidal silicalites. Microporous and Mesoporous Materials **2003**, vol 66, pp.143-156.

[56] Mal N.K.[1]; Ramaswamya.V.[1], Oxidation of ethylbenzene over Ti-, V- and Sn-containing silicalites with MFI structure; National Chemical Laboratory, Pune 411 008, INDE

[57] Amit R. Supale; Gavisiddappa S. Gokavi Inorganic Chemistry; Phosphorus, Sulfur, and Silicon and the Related Elements, **2010**, Vol. 185, N°4, pp. 725 – 731.

[58] E. M. Flanigen, et coll. Nature, **1978**, vol 272, pp. 437.

[59] T. Tatsumi, et coll dans Studies in Surface Science and Catalysis **1994**, vol 84, pp. 1861.

[60]Brian J.Schoeman et coll, zeolites, **1997**, 19, pp.21-28.

[61]Magister de Toubal Khaled, **2007**, Université d'Oran.

[62] Applied Catalysis B :Envirommental, A.V Kucherov et coll, **1996**, vol 75, pp.285-298.

Résumé

Notre objectif principal est la synthèse de matériaux de type MFI, caractérisation à l'aide de la spectroscopie infra rouge et la diffraction des rayons X, et d'utiliser la zéolithe Cu-ZSM-5 dans la réaction d'oxydation de la 4-oxo, 2-thioxo, N (2-OMephényl) thiazolidine.

Les analyses de la spectroscopie et la diffraction des rayons X, montrent que l'utilisation de la diéthylamine(DEA), TPABr et TPAOH comme agent structurant, avec NaOH et DEA comme agent mobilisateur, permettent d'obtenir des silicalites bien formés.

Pour la synthèse de la zéolithe ZSM-5, nous avons réalisé trois protocoles où nous avons utilisé le TPABr comme agent structurant et des différents agents mobilisateurs, les analyses de la spectroscopie infrarouge et de diffraction des rayons X montrent que les zéolithes synthétisées sont bien formées.

Mots clés : silicates, zéolithes, silicalites-1(S-1), ZSM-5, Cu-ZSM-5, oxydation, catalyse